建筑安装工程识图

主　编　王宇星　万　雯

副主编　汤宇娇　钱刚华

北京理工大学出版社

BEIJING INSTITUTE OF TECHNOLOGY PRESS

内 容 提 要

本书共分为9章，主要内容包括建筑管道工程图的基础知识、建筑室内给水排水工程图识图、建筑采暖与燃气工程图识图、建筑通风空调工程图识读、建筑变配电系统识图、动力及照明系统施工图识读、防雷接地系统工程图识读、火灾自动报警及联动控制系统识图、通信网络与综合布线系统识图等。

本书可供高等院校土建类相关专业学生使用，也可作为相关从业人员岗位培训的教材，还可供相关工程技术人员工作时参考。

图书在版编目（CIP）数据

建筑安装工程识图 / 王宇星，万雯主编. -- 北京：北京理工大学出版社，2022.5

ISBN 978-7-5763-0586-9

Ⅰ. ①建… Ⅱ. ①王… ②万… Ⅲ. ①建筑安装－建筑制图－识别 Ⅳ. ①TU204

中国版本图书馆CIP数据核字(2021)第220387号

出版发行 / 北京理工大学出版社有限责任公司
社　　址 / 北京市海淀区中关村南大街5号
邮　　编 / 100081
电　　话 /（010）68914775（总编室）
（010）82562903（教材售后服务热线）
（010）68944723（其他图书服务热线）
网　　址 / http://www.bitpress.com.cn
经　　销 / 全国各地新华书店
印　　刷 / 北京紫瑞利印刷有限公司
开　　本 / 787毫米×1092毫米　1/16
印　　张 / 11
字　　数 / 212千字
版　　次 / 2022年5月第1版　2022年5月第1次印刷
定　　价 / 89.00元

责任编辑 / 钟　博
文案编辑 / 钟　博
责任校对 / 周瑞红
责任印制 / 边心超

前　言

随着我国城市化进程的不断推进，建筑业进入空前繁荣的发展时期。安装工程是建筑工程后期建设的重点内容，直接影响建筑最后交付的效果。安装工程的飞速发展对企业的相关技术人才提出了更高的要求，不仅要求掌握施工技术，还要求学会识读各类安装工程图纸。目前，建筑类专业开设的课程更多集中在建筑设计和智能控制方面，安装工程相关的课程较少，制约了教学工作的开展。为了达成高等院校培养的目标，满足学生制图识读的学习需要，我们编写了本书。

本书编者从岗位工作任务分析着手，通过课程分析、知识和能力分析，打破了传统高等院校学科性课程教学模式。本书的主要特点如下：

（1）结构设计合理、构思新颖，讲解深入浅出，内容丰富，详简得当。

（2）以培养识图能力为主线，既注重先进性又照顾实用性，构建以能力培养为目标的课程教学模式和教材体系。

（3）以具体任务为载体，在任务学习过程中，任务涉及的内容与讲解的内容相对应，使理论与实践达到完美结合。

（4）文字论述通俗易懂，图文并茂，是一本实用性强、适用面宽的学习和培训教材。

（5）在内容选择上，以上海万科物业有限公司岗位需求为依据，以工作任务为中心，以理论知识为背景，以技术实践为焦点，以拓展知识为延伸；针对建筑物业管理岗位实际工作任务需要知识、能力和素质要求，组织教学内容，做到教学内容针对性强，学以致用，充分体现了高等教材的“职业性”和“高等性”的统一。

本书以安装工程国家职业标准为指导，结合职业岗位特点，以工学结合为导向，编写了有关建筑安装工程识图方面的内容。本书由王宇星、万雯担任主编，负责大纲的拟订和全书的统稿。上海城建职业学院汤宇娇和上海万科物业有限公司钱刚华任副主编。参编人员的分工如下：第1章～第4章由王宇星负责编写，第5章～第9章由万雯负责编写，全书由汤宇娇负责构架设计，识图案例由钱刚华负责筛选。

由于编者水平有限，书中难免存在错误和不妥之处，恳请广大读者批评指正。

编　者

目录

第1章 建筑管道工程图的基础知识

本章分两节，即建筑管道的概念及建筑管道工程图的分类、基本管道工程图的识图。通过对这两节的学习，对建筑管道的概念及分类有整体的认识，同时了解建筑管道工程图的基本知识，会识读简单的建筑管道工程图。

知识目标

1. 熟悉建筑管道的概念及建筑管道组成。
2. 了解建筑管道工程图的分类。
3. 掌握建筑管道工程图的基本图和详图的分类。
4. 掌握建筑管道工程图的一般规定。
5. 掌握建筑管道工程图的基本视图。

建筑管道工程图的基础知识

能力目标

1. 能对建筑管道工程图进行分类。
2. 能识读建筑管道工程图的基本视图。

素质目标

1. 培养严谨的工作作风和细致、耐心的职业素养。
2. 培养团结协作、善于沟通的能力。

1.1 建筑管道的概念及建筑管道工程图的分类

建筑管道工程是建筑安装工程最重要的部分之一，建筑中的给水排水、通风、燃气等供应都是由建筑管道来完成的，熟悉建筑管道工程图的分类是识读建筑管道工程图的第一步。

读书笔记

1.1.1 管道及管道组成

管道是输送介质的通道，介质包括液体、气体等。管道与容器、卫生器具、设备等相连接。

管道主要由管子、管件、紧固件和附件等组成。管子的形状大部分是圆形的，少数管子(如风管)为矩形。管件是连接管子的配件，如三通、四通、弯头、活接头和大小头等。紧固件主要是指法兰、螺栓和垫片等。管道的附件主要包括阀门、漏斗、过滤器等。

1.1.2 管道工程图的分类

1.1.2.1 按项目性质分类

管道工程图按工程性质的不同可分为工业管道工程图和民用管道工程图两大类：前者主要服务于工业生产，为生产输送介质，它属于工业设备安装工程；后者主要应用于民用建筑物，是为生活或改善劳动条件输送介质的管道，它属于建筑安装工程范畴。本课程主要介绍的是民用管道工程图，其主要包括建筑给水排水工程图、消防给水工程图、采暖工程图、通风与空调工程图等。具体如图 1-1 所示。

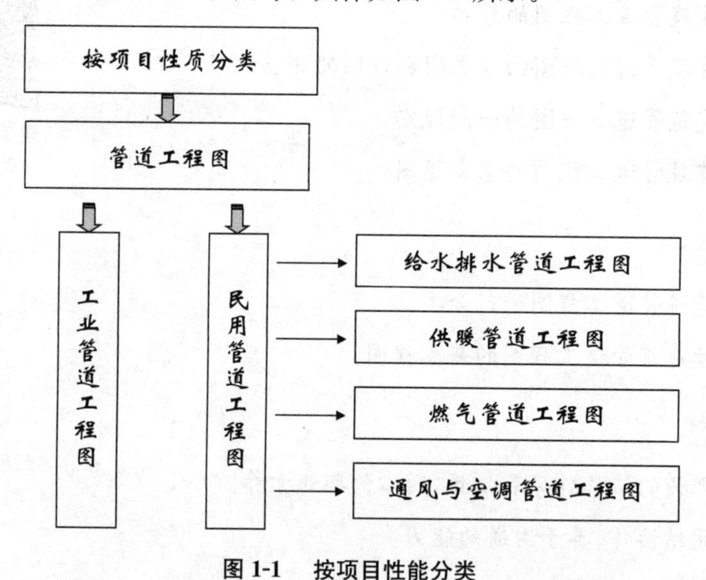

图 1-1　按项目性能分类

1.1.2.2 按图形及作用分类

不同类型的管道工程图都可以分为基本图和详图两大类，基本图包括图纸目录、设计施工说明、设备材料表、工艺流程图、平面图、轴测图、立面图、剖面图等，详图包括节点图、大样图和标准图。具体分类如图 1-2 所示。

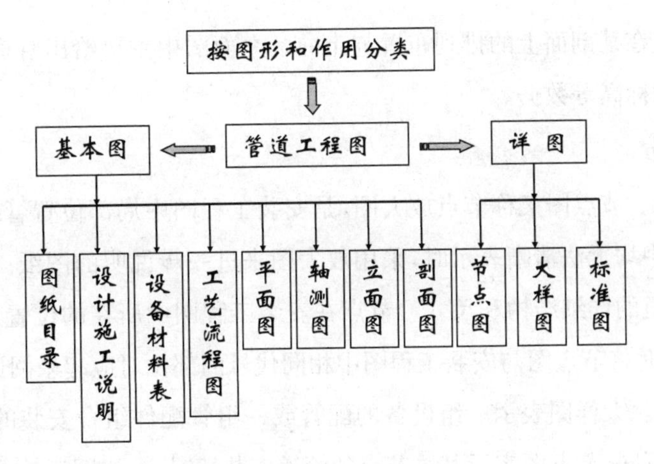

图 1-2　按图形和作用分类

1. 基本图纸部分

基本图纸是管道工程图中最主要的部分，主要包括图纸目录、设计施工说明、设备材料表、平面图、轴测图和立面图（剖面图）等。下面着重介绍这 6 个部分。

(1)图纸目录。图纸目录的作用是便于施工人员在施工过程中阅读和查找，同时也便于分类管理。图纸目录中各类图纸按照一定的名称和顺序进行编号，在图纸目录中先列出新设计的图纸，再排列标注图的序号，通过图纸目录，可以方便地查找工程中各类管道的施工图纸。

(2)设计施工说明。设计施工说明的作用是将图纸无法明确表达的部分用文字形式加以说明，设计施工说明一般包括工程的主要技术数据、施工验收要求和其他一些项目特定的要求。

(3)设备材料表。设备材料表包括项目工程所需的各类管道、管件、阀门和零部件的名称、规格、型号与数量的明细表。设备材料表是工程详图安装时配套的素材，也是工程预算的参考依据。

(4)平面图。平面图是管道工程图中最基本也是最常见的图样，它主要表示管道工程图中的设备、管道在建筑图中的布置和走向，同时标注出管道的坡向、管径和标高等参数。

(5)轴测图。轴测图又称系统图，表示管道的空间布置和管线的空间走向。由于轴测图是立体图，可以帮助读者更容易想象出建筑物中管道的空间布局，有时可以替代管道的立面图或剖面图。轴测图一般与平面图配合使用，是管道工程图中最常用的图样之一。

(6)立面图（剖面图）。立面图（剖面图）表示的是管道及设备在某一立面上的排列

读书笔记

读书笔记

布置及走向，或在某剖面上的排列布置与走向。立面图中主要给出管道在垂直方向上的编号、管径和标高等数据。

2. 详图部分

(1)节点图。节点图又称节点放大图，是安装工程图中局部位置管线在平面图、立面图和系统图中均无法清晰表示时，采用放大图来进一步说明的图纸。它能清楚地表达放大区域管道的详细结构和尺寸。节点在安装工程图中所在的位置用代号表示，如节点“A”，阅读时将节点图与安装工程图中相同代号的部位对应起来阅读。

(2)大样图。大样图表示一组设备的配管或一组管配件组合安装的一种详图。它与节点图稍有不同，节点图表示某一节点的管道安装情况，大样图反映了组合体各部分的详细构造和尺寸。大样图一般用双线图，立体感更强。

(3)标准图。标准图是一种通用性的图样，一般由国家或相关部委颁发。标准图可以使工程的设计和施工标准化、统一化。标准图详细反映了管道、部件或设备的具体尺寸和技术要求。例如：给水排水方面的标注图有《建筑排水设备附件选用安装》(04S301)、《室内消火栓安装》(15S202)。

1.2 基本管道工程图的识读

管道工程图是一种工程语言，是管道施工的主要参考依据。通过对本节内容的学习，掌握管道工程图制图标准及管道工程图的表示方法。在此基础上，学会识读基本的管道工程图。

1.2.1 管道工程图的一般规定

1. 图线

图线的线型和宽度的选择主要根据图样的类型、比例和复杂程度等。下面以给水排水工程图为例。建筑给水排水管道工程图用到的线型包括粗线条、中粗线条、中线条、细线条、单点长画线、折断线和波浪线。根据《建筑给水排水制图标准》(GB/T 50106—2010)，线宽主要有 b、$0.7b$、$0.5b$ 和 $0.25b$ 四种。具体分类见表 1-1。

表 1-1 建筑给水排水管道工程图常用线型

名称	线形	线宽	用途
粗实线	————	b	新设计的各种排水和其他重力流管线

续表

名称	线形	线宽	用途
粗虚线	- - - - - - - - - -	b	新设计的各种排水和其他重力流管线的不可见轮廓线
中粗实线	——————	0.7b	新设计的各种给水和其他压力流管线；原有的各种排水和其他重力流管线
中粗虚线	- - - - - - - - - -	0.7b	新设计的各种给水和其他压力流管线及原有的各种排水和其他重力流管线的不可见轮廓线
中实线	——————	0.5b	给水排水设备、零(附)件的可见轮廓线；总图中新建的建筑物和构筑物的可见轮廓线；原有的各种给水和其他压力流管线
中虚线	- - - - - - - - - -	0.5b	给水排水设备、零(附)件的可见轮廓线；总图中新建的建筑物和构筑物的不可见轮廓线；原有的各种给水和其他压力流管线的不可见轮廓线
细实线	——————	0.25b	建筑的可见轮廓线；总图中原有的建筑物和构筑物的可见轮廓线；制图中的各种标注线
细虚线	- - - - - - - - - -	0.25b	建筑的不可见轮廓线；总图中原有的建筑物和构筑物的不可见轮廓线
单点长画线	—·—·—·—	0.25b	中心线、定位轴线
折断线	——\/——	0.25b	断开界线
波浪线	∽∽∽	0.25b	平面图中水面线；局部构造层次范围线；保温范围示意线

2. 比例

管道工程图中的建筑和管道无法按照实际大小画在图纸上，都需要按照比例进行缩放。图形和实物相对线性之比称为比例。常用的图纸比例见表1-2。

读书笔记

读书笔记

表 1-2　给水排水管道工程图常用比例

名称	比例	备注
区域规划图 区域位置图	1∶50 000、1∶25 000、1∶10 000、1∶5 000、1∶2 000	宜与总图专业一致
总平面图	1∶1 000、1∶500、1∶300	宜与总图专业一致
管道纵断面图	竖向 1∶2 00、1∶100、1∶50 纵向 1∶1 000、1∶500、1∶300	—
水处理厂(站)平面图	1∶500、1∶200、1∶100	—
水处理构筑物、设备间、卫生间,泵房平、剖面图	1∶100、1∶50、1∶40、1∶30、	—
建筑给水排水平面图	1∶200、1∶150、1∶100	宜与建筑专业一致
建筑给水排水轴测图	1∶150、1∶100、1∶50	宜与相应图纸一致
详图	1∶50、1∶30、1∶20、1∶10 1∶5、1∶2、1∶1、2∶1	—

3. 图例

管道图中的管子,管件和阀门采用规定的图例加以表示,其并不完全反映事物的形象,只是示意性地表示具体的设备或管件。因此,要熟悉常用管件和阀门的图例,以便于流畅地识读图纸。管道工程常见图例见本书后述内容。

4. 管径

管道图中的管道要求标注管径,管径大小以 mm 为单位,管径标注一般只标注代号和数字,而不标注单位。管径的标注方法很多,根据管道的类型不同分为公称直径 DN、外径 $D\times$壁厚、管内径 d 和宽 $A\times$宽 B 四种。四种标注方法具体适用的管道如图 1-3 所示。

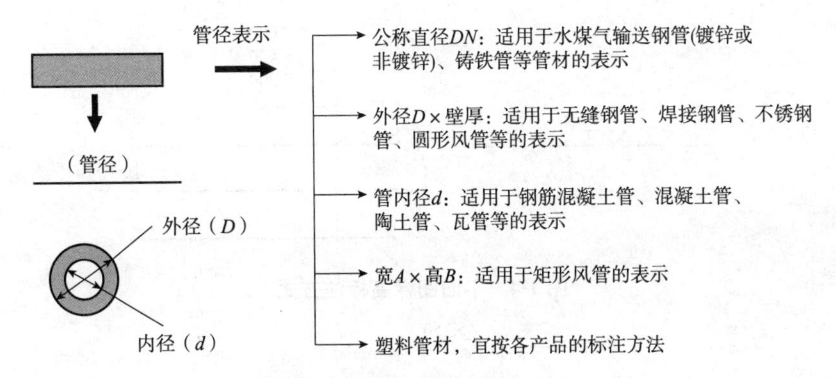

图 1-3　管道管径的表示方法

DN 表示的是管道的公称直径，书写形式：*DN*＋数值(mm)，公称直径是供参考用的一个方便的圆整数，与加工尺寸仅呈不严格的关系。其公称直径不是外径，也不是内径，而是近似普通钢管内径的一个名义尺寸。同一公称直径的管子与管路附件均能相互连接，具有互换性。虽然其数值跟管道内径较为接近或相等，但它不是实际意义上的管道外径或内径。为了使管子、管件连接尺寸统一，采用公称直径(也称公称口径、公称通径)。每一公称直径，对应一个外径，其内径数值随厚度不同而不同。例如焊接钢管按厚度可分为薄壁钢管、普通钢管和加厚钢管。

De 主要是指管道外径，一般采用 *De* 标注的，均需要标注成"外径×壁厚"的形式。常用于表示无缝钢管、焊接钢管(直缝或螺旋缝)、铜管、不锈钢管、PPR、PE 管、高密度聚乙烯管(HPPE)、聚丙烯管管径及壁厚。

读书笔记

5. 管道标高

标高是标注管道或建筑物高度的一种尺寸形式。标高分为绝对标高和相对标高两种。绝对标高是以我国青岛附近黄海平均海平面为绝对标高的零点。相对标高一般选择建筑底层室内主要地坪面为相对标高零点。标高符号用细实线绘制，平面图的标注方式如图 1-4 所示，当三个管道平行标注的时候，可以用引出线引至管线外面，在标高符号上分别标注几条管线的标高值。轴测图中标高标注方式如图 1-5 所示。

注意点如下：

(1)室内标高一般标注的是相对标高，即相对正负零的标高；

(2)标高一般情况下是以"m"为计量单位的，写小数点后面第三位；

(3)标高按标注位置分为顶标高、中心标高、底标高；

(4)图纸没有特别说明，一般情况下：压力管道、圆形风管、给水管标注的是管道中心标高，排水管标注的是管道底标高。

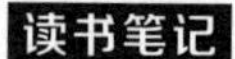

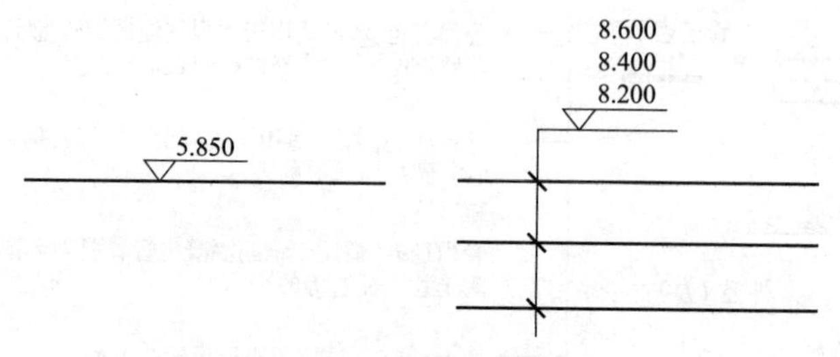

图 1-4　平面图标高标注方式

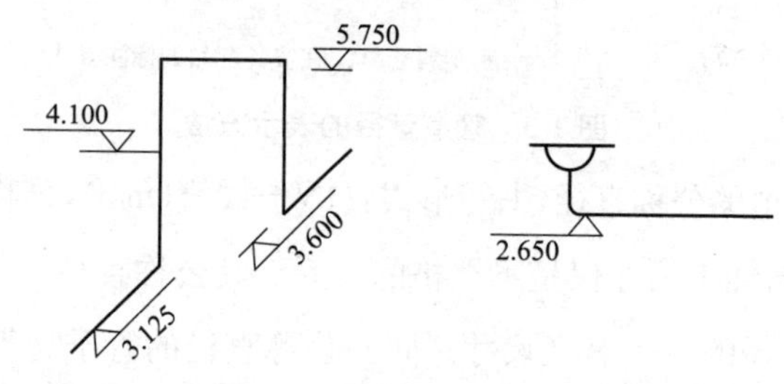

图 1-5　剖面图标注方式

6. 管道的坡度及坡向

管道的坡度和坡向是表达管道倾斜的程度和高低方向，如图 1-6 所示。坡度用符号"*i*"表示，在其后加上等号并注写坡度值。坡向用单面箭头表示，箭头指向低的一端。一般排水管道都要求标注坡度及坡向。

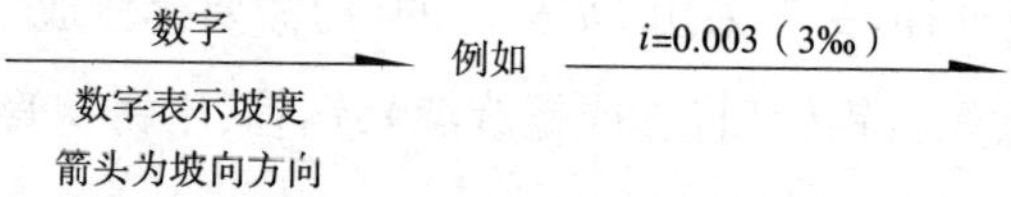

图 1-6　管道的坡度和坡向

7. 管道系统的编号

建筑物的给水排水管道系统中，一般会有多条不同用途的管道，为了更好地区分不同的引入(引出)管道和立管，往往要对图中的管道进行编号。图 1-7 所示是建筑给水引入管编号方式，J 代表是给水管道，1 表示的 1 号引入管。如果建筑物有多条引入管，则管道标号依次为 2、3、4 等。

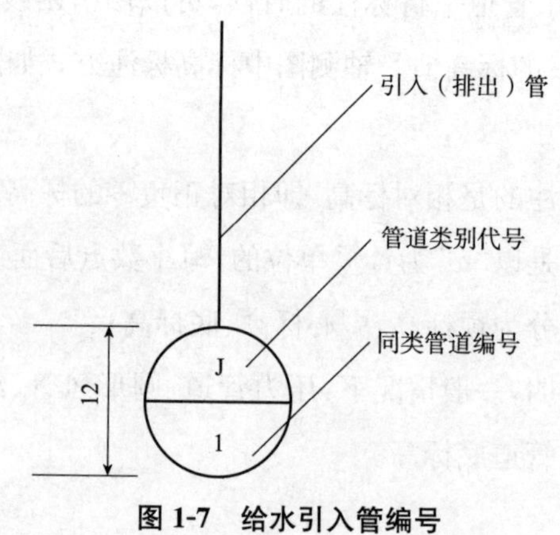

图 1-7　给水引入管编号

如果建筑物中立管多于1根，需要为立管进行编号，例如：JL-1、JL-2、JL-3等。给水立管在平面图和系统图中的编号如图1-8所示，平面图中立管一般用直径2～3 mm的圆表示，系统图中立管是一条垂直的直线，且立管要穿过各层的楼板。排水立管的表示方法与给水立管相同，编号为PL-1、PL-2等。

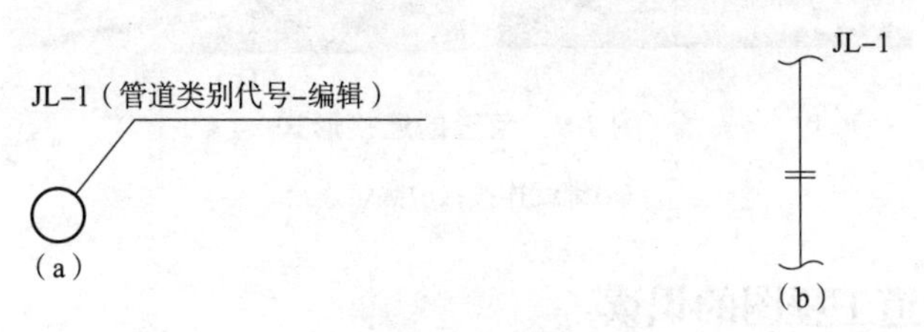

图1-8　立管的编号

(a)平面图中立管编号；(b)系统图中立管编号

8. 管道代号

在同一管道工程图中一般有多种不同类型的管道，为了更好地区别不同管道，需要对图中不同的管道标注管道代号。管道代号一般选择管道类型的拼音首字母来表示，如给水管道代号"J"、排水管道"P"，具体管道代号见表1-3。

表1-3　常见管道代号

类别	名称	规定符号	类别	名称	规定符号
1	给水管	J	9	乙炔管	YI
2	排水管	P	10	二氧化碳管	E
3	循环水管	XH	11	鼓风管	GF
4	污水管	W	12	通风管	TF
5	热水管	R	13	真空管	ZK
6	凝结水管	N	14	乳化剂管	RH
7	冷冻水管	L	15	油管	Y
8	蒸汽管	Z			

读书笔记

9. 管道的连接

管道的连接形式很多，常见的有螺纹连接、焊接连接、法兰连接、热熔连接、卡箍连接和承插连接等形式(图1-9)。钢管等金属管材常用螺纹连接、焊接连接和法兰连接的形式，塑料管材最常用的是热熔连接的形式。

读书笔记

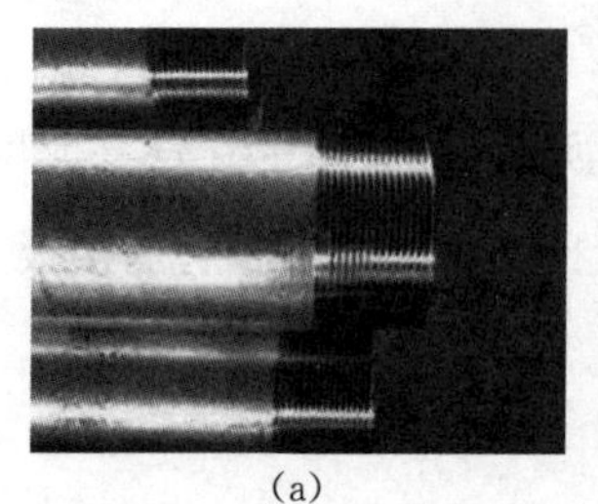
(a)

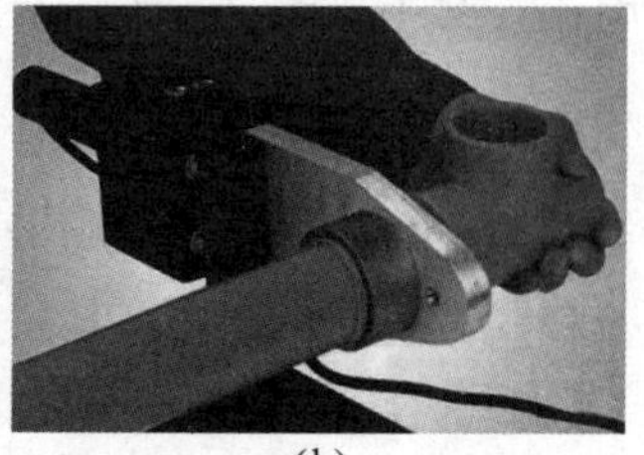
(b)

图 1-9　管道的连接形式

(a)螺纹连接;(b)热熔连接

1.2.2　管道工程图的识读

1.2.2.1　管道的基本视图

建筑管道工程图中最常见的三种类型的管道是水平管、立管和弯头，如图 1-10 所示。熟悉这三种类型管道的基本视图是识读管道工程图的基础。除上面三种类型的管道外，还有三通、四通和大小头等管件。

图 1-10　管道的水平管、立管和弯头

1. 立管的单双线图

立管在平面图中都采用圆来表示，在立面图和左视图中采用垂直的直线表示，如图 1-11 所示。双线图的表示方法与单线图基本一致，双线图的表示方法更直观立体，但图形比较复杂。

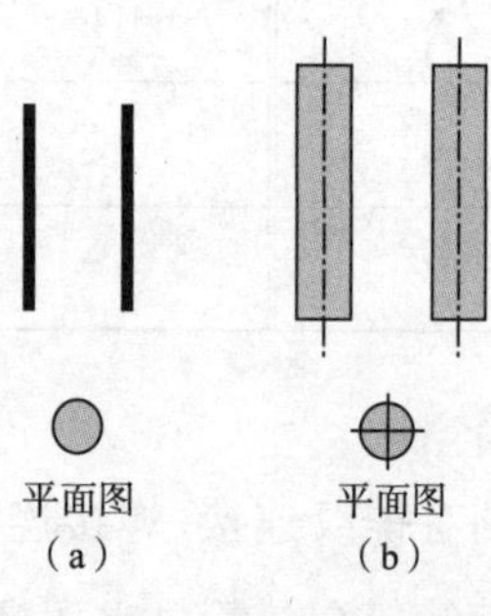

图 1-11　立管单双线图

(a)单线图;(b)双线图

2. 水平管的单双线图

水平管在平面图和立面图中均为水平的直线，在左侧图中为圆，如图 1-12 所示，双线图与单线图表示方法一致。

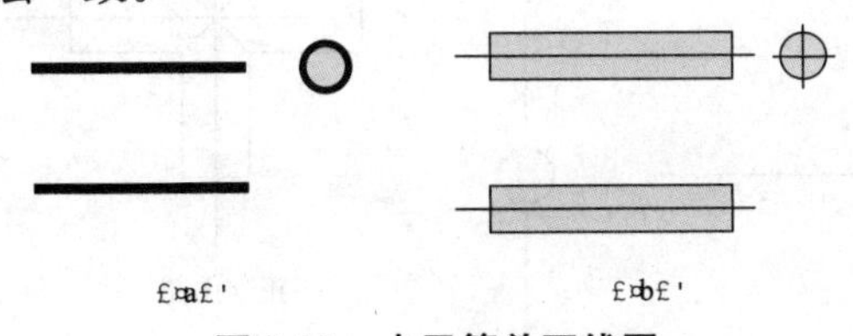

图 1-12　水平管单双线图

(a)单线图；(b)双线图

3. 弯头的单双线图

弯头是管道转弯最常用的附件，弯头的作用是改变管道的方向，利用弯头可以实现管道 90°的转向，弯头的单双线图如图 1-13 所示。

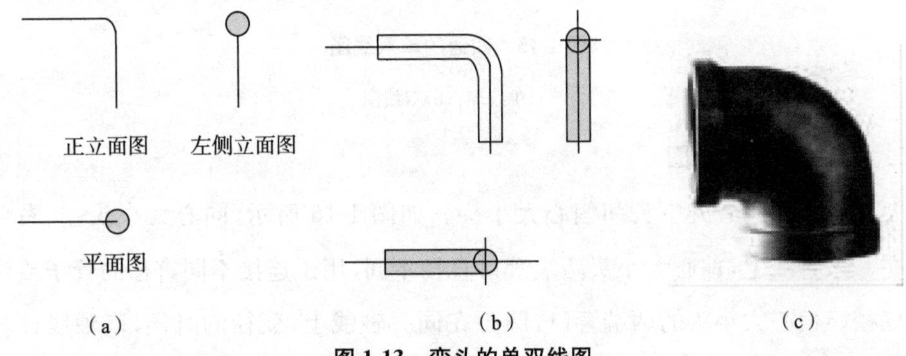

图 1-13　弯头的单双线图

(a)单线图；(b)双线图；(c)实物图

读书笔记

4. 三通、四通的单双线图

三通、四通分别是连接三根和四根管道的配件，可以改变管道内介质的流动方向。三通和四通的单双线图如图 1-14 和图 1-15 所示。

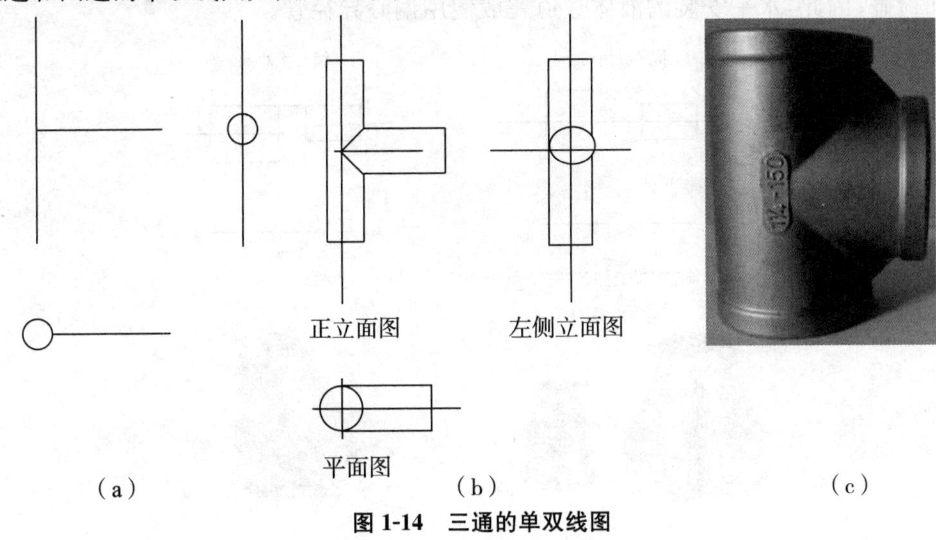

图 1-14　三通的单双线图

(a)单线图；(b)双线图；(c)实物图

读书笔记

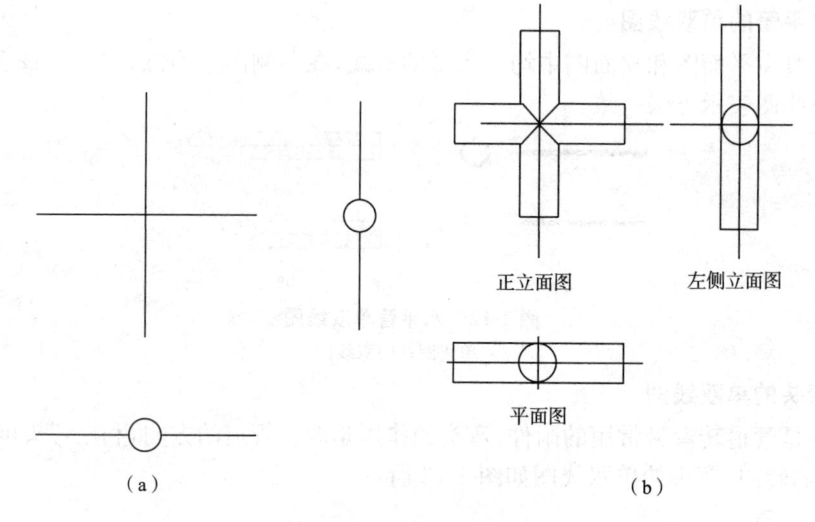

图 1-15　四通的单双线图

(a)单线图;(b)双线图

5. 大小头的单双线图

大小头分为同心大小头和偏心大小头。如图 1-16 所示,同心大小头左、右两个轴线在一条直线上,偏心大小头两端管口直径不同,用于连接不同直径的管子或法兰进行变径。偏心大小头的两端管口,圆心在同一轴线上,变径的时候,以轴线计算管子位置的话,管子的位置不变,一般用于气体或垂直的液体管道变径。偏心大小头有利于流体流动,在变径的时候对流体流态的干扰较小,因此,气体和垂直流动的液体管道使用同心异径管变径。偏心大小头由于一侧是平的,利于排气或者排液,方便开车和检修,因此,水平安装的液体管道一般使用偏心异径管。

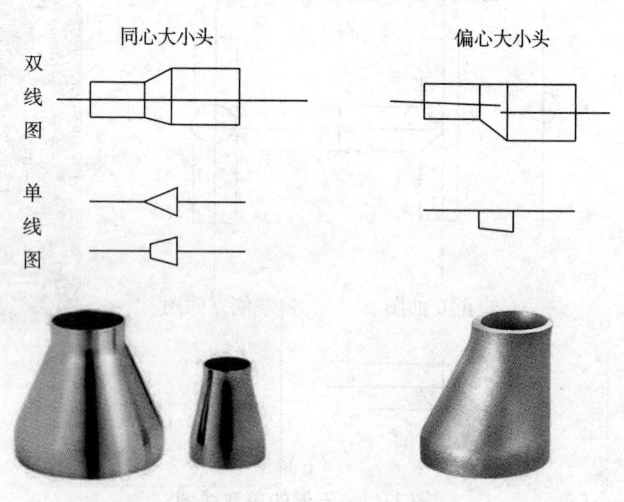

图 1-16　大小头的单双线图

1.2.2.2 管道的交叉和重叠

当两根或两根以上管道在空间的标高不同或立面上前后距离不同而产生交叉时，管道工程图中采用断开的方式来表达，如图 1-17 所示，由平面图可以看出 2 号管在 1 号管的前面，因此在立面图中，2 号管将 1 号管打断。总体的绘制原则是断低不断高、断后不断前。

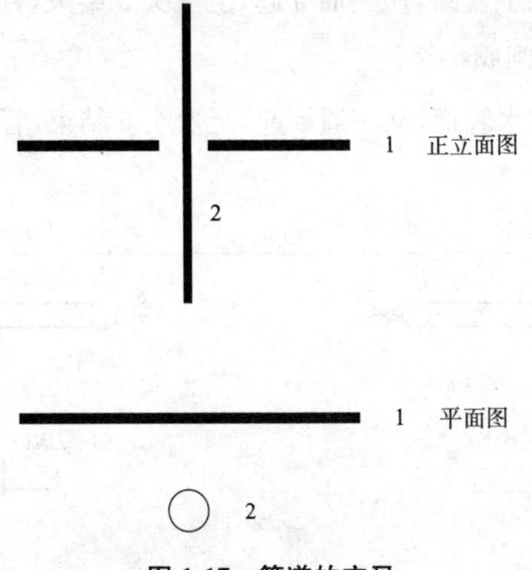

图 1-17 管道的交叉

管道在空间中除了交叉的关系，很多情况会出现管道重叠的现象，如图 1-18 所示。其中，平面图上重叠的管道位置关系是高低关系，1 号管高于 2 号管，根据断高不断低的原则，按照高、低、高的顺序绘制重叠的管道。立面图上管道的重叠是前后关系，绘制时采用断前不断后的原则，按照前、后、前的顺序绘制重叠的管道。

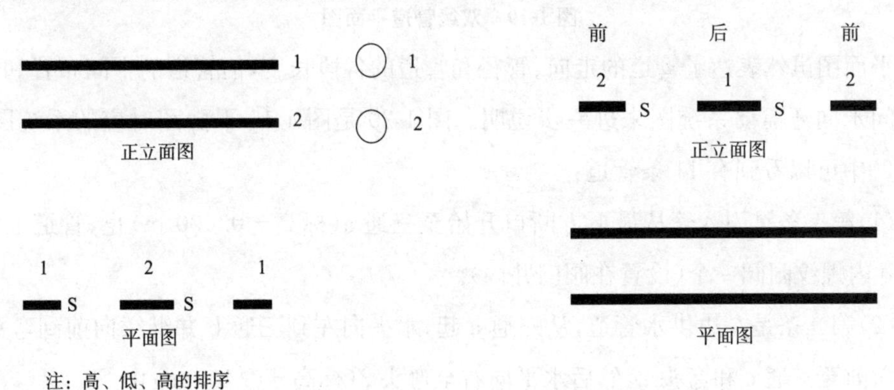

图 1-18 管道的重叠

1.2.3 基本管道工程图的识读

管道工程图是采用规定的图例来表示管子、管件、阀门和其他附件，管道工程图种类很多，最常使用的是平面图、立面图和轴测图。下面以草坪喷灌供平面图(图 1-19)和

读书笔记

系统图(图 1-20)来说明管道工程图的识读方法。

读书笔记

平面图采用双线图表示,平面图由 3 段管道组成:

(1)第一条引入管从最下方断口开始至三通 a 止,管道上装有 *DN*40 内螺纹闸阀一个(设置在阀门井内)。

(2)第二条是左路供水管路,从三通 a 起,至弯头 3 结束,管道上装有 3 根立管(L_1、L_2、L_3)和 *DN*15 内螺纹闸阀一个。

(3)第三条是右路供水管道,从三通 a 起,至弯头 6 结束,管道上安装的部件与第二条管路相同。

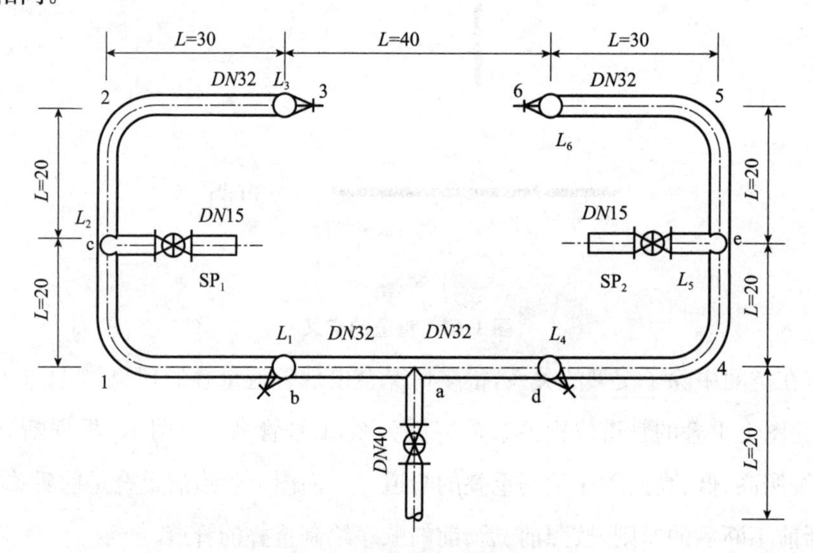

图 1-19　双线管道平面图

平面图虽然表达了管道的走向、管径和管道的各段长度,但管道的空间布置和管线的空间走向还需要系统图来进一步说明。图 1-20 是图 1-19 平面图对应的系统图,从图 1-20中可以看到有 11 条管道:

(1)第一条是引入管从最下方断口开始至三通 a(标高－0.400 m)止,管道上装有 *DN*40 内螺纹闸阀一个(设置在阀门井内)。

(2)第二条是左边供水管道,从三通 a 起,水平向左到三通 b 并继续向前到弯头 1,继续向前至三通 c 和弯头 2,然后水平向右至弯头 3(标高－0.400 m)止。

(3)第三条是立管 1(L_1,*DN*15):从三通 b(标高－0.400 m)起,垂直向上至内螺纹阀门(标高 0.500 m),并垂直到断口(标高 0.600 m)止。

(4)第四条是立管(L_2,*DN*15):从三通 c(标高－0.400 m)起,垂直向上至右弯的 90°弯头(标高 0.500 m)止。

(5)第五条是立管(L_3, *DN*15):从弯头 3(标高－0.400 m)起,垂直向上至内螺纹

闸阀(标高 0.500 m),并继续垂直向上至断口。

(6)第六条是水平短管 1(SP_1,$DN15$):从立管 2(L_2)向右弯的 90°弯头(标高 0.500 m)起,水平向右至断口位置由于管道左右对称。

其余 5 根管道在这里就不赘述。

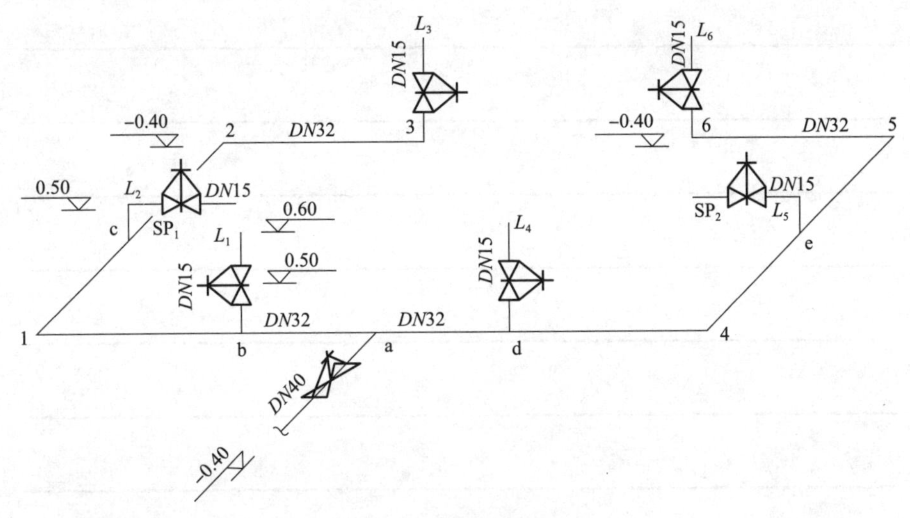

图 1-20 单线管道系统图

复习思考题

1. 简述管道的概念及管道的组成。

2. 管道工程图的分类有哪些?

3. 根据图 1-21 所示的平面图绘制出轴测图。

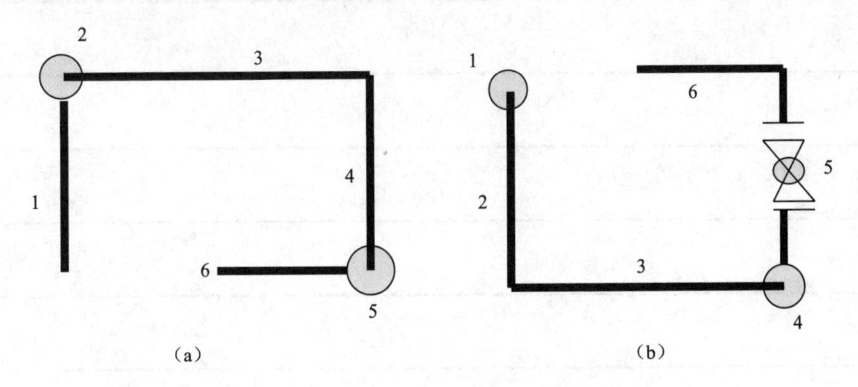

图 1-21 习题 3 图

(a)立面图;(b)平面图

学习总结

第2章 建筑室内给水排水工程图识读

本章主要分为室内给水工程图识读和室内排水工程图识读两个部分。

知识目标

1. 掌握室内给水系统的组成及室内给水工程图的识读方法。
2. 掌握室内排水系统的组成及室内排水工程图的识读方法。
3. 掌握室内消防系统的组成及室内消防工程图的识读方法。

能力目标

1. 能熟练识读室内给水排水的平面图、系统图和施工详图。
2. 能设计简单的给水排水管网。

素质目标

1. 培养严谨的工作作风和细致、耐心的职业素养。
2. 培养团结协作、善于沟通的能力。

建筑室内给水排水工程图识读

2.1 室内给水工程图识读

室内给水工程是建筑整体安装工程的重要组成部分，室内给水工程图是建筑给水管道安装和前期工程造价的主要参考依据。因此，熟练识读给水工程图是建筑设计施工和工程造价人员必须掌握的能力。

2.1.1 室内给水系统的相关知识

2.1.1.1 给水系统的分类

建筑给水系统按照用途主要分为生产给水系统、生活给水系统和消防给水系统三类。

1. 生产给水系统

生产给水系统是指工厂在生产过程中所需的清洗用水、冷却用水、稀释用水、除尘用水、锅炉用水等给水。由于不同的车间生产工艺不同，生产给水对水质、水压和水量差异很大，生产给水大多采用分支给水。

2. 生活给水系统

生活给水系统是指提供人们日常生活中烹饪、饮水、洗涤、冲厕、沐浴等生活用水的给水系统。生活给水系统和日常生活息息相关，也是建筑给水系统中最重要的组成部分。

3. 消防给水系统

消防给水系统是指给消火栓和自动喷水系统等消防设施提供灭火用水的给水系统。消防给水对水质要求不高，但应保证足够的水量和水压。

2.1.1.2 给水系统的组成

室内给水系统主要是由管道、附件、提升和储水设备、卫浴等部分组成。建筑室内给水系统组成的示意如图 2-1 所示。

读书笔记

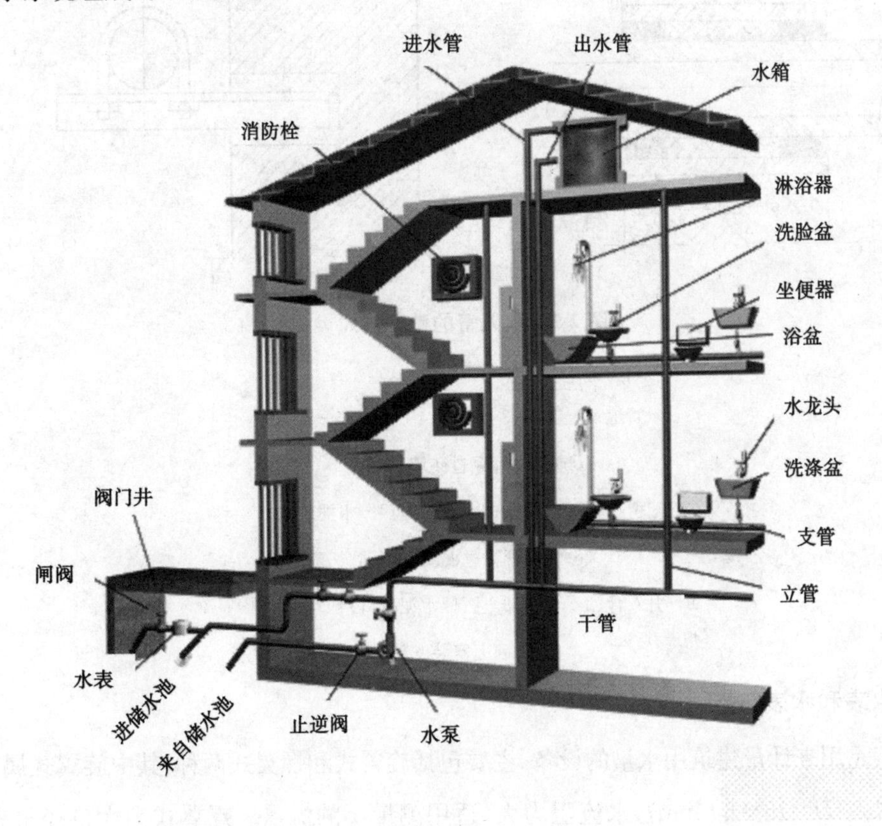

图 2-1 建筑室内给水系统组成示意

读书笔记

1. 引入管

引入管又称进户管，是指连接室外给水管网和室内给水管道系统的管道。引入管上一般水平敷设安装，设置有阀门和水表等附件。引入管常见的敷设方式有地沟敷设、穿墙敷设和沿墙敷设等形式，具体如图 2-2 所示。

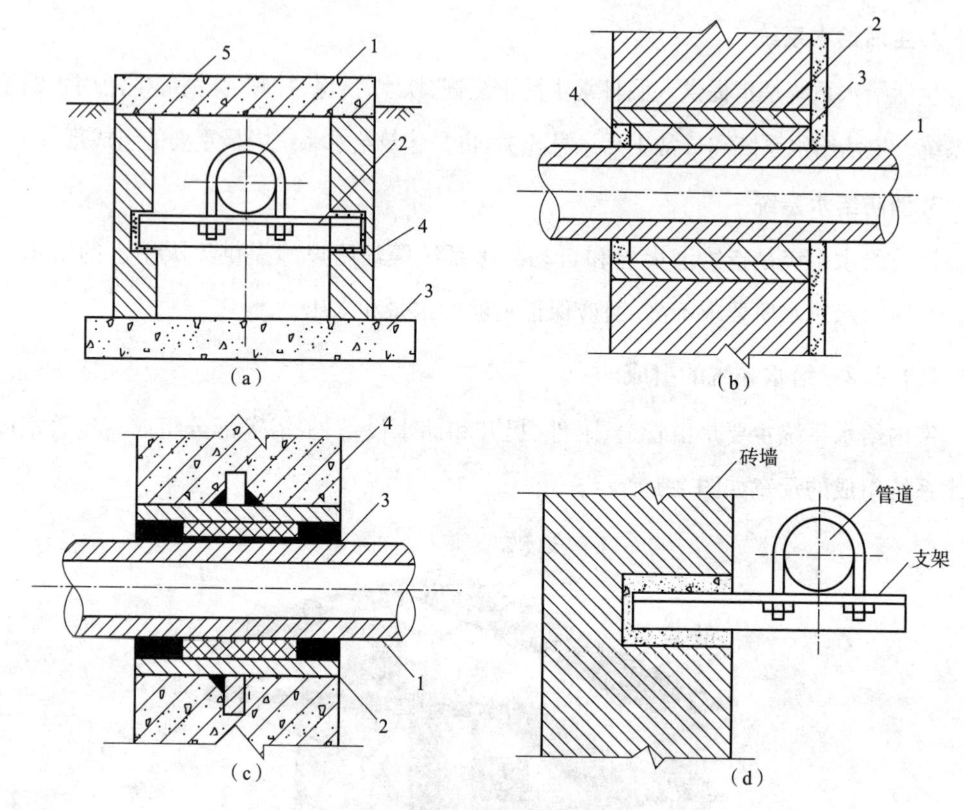

图 2-2　引入管的敷设方式

(a)地沟敷设

1—管道；2—支架；3—沟底；4—沟壁；5—沟盖

(b)引入管穿过砖墙基础

1—引入管；2—套管；3—石棉绳；4—水泥砂浆

(c)引入管穿过混凝土基础

1—引入管；2—套管；3—石棉水泥捻口；4—石棉绳

(d)砖墙上安装支架

2. 水表和水表节点

水表是用来计量建筑用水量的设备，主要包括旋翼式和螺翼式两种，其中旋翼式属于小口径水表(D=15～50 mm)，水流阻力大，适用测量小的流量。螺翼式为大口径水表(D=80～200 mm)，水流阻力小，适用测量大的流量。

水表节点是安装在引入管上的水表及其前后的附件的总称。水表和水表节点如图 2-3 所示。水表节点一般设置在水表井中，水表前后的阀门主要用于水表检修和拆换时关闭管路。

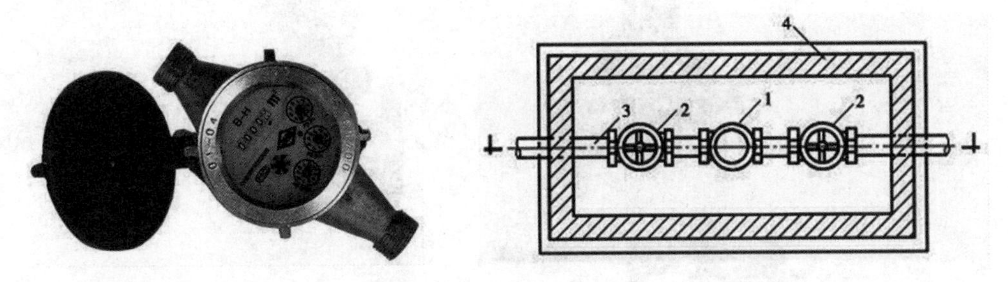

图 2-3　水表和水表节点

(a)水表;(b)水表节点

1—水表;2—闸阀;3—引入管;4—水表井

3. 给水管网

建筑给水管网是指建筑内部给水水平干管或垂直干管、立管、支管等组成的系统(图 2-4)。其作用是把水输送和分配到建筑的各个用水点。给水管网的敷设方式主要包括明装和暗装两种。明装管道主要使用于工业和对外观要求不高的建筑物，暗装管道应用于对美观要求高的室内建筑。

读书笔记

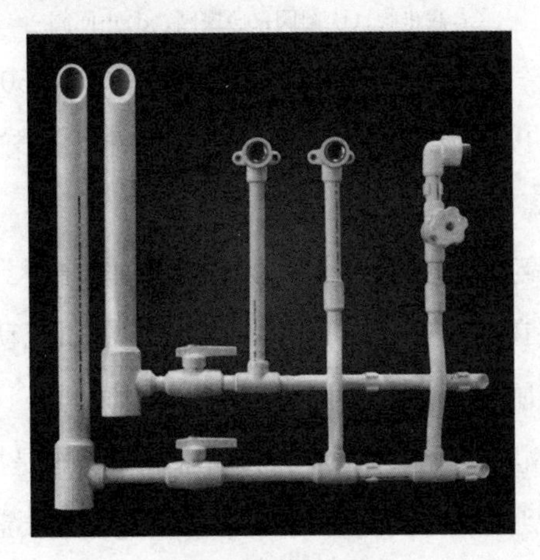

图 2-4　给水管网

4. 给水附件

给水附件指给水管道上调节水量、水压、控制水流方向，以及断流后便于管道、仪器和设备检修用的各种阀门。

给水附件具体包括截止阀、止回阀、闸阀、球阀、安全阀、浮球阀、水锤消除器、过滤器、减压孔板等。

常见的阀门如图 2-5 所示。

读书笔记

图 2-5　常见的管道阀门

(a)截止阀;(b)闸阀;(c)蝶阀;(d)止回阀

(1)截止阀:关闭严密,水流阻力较大,只适用管径小于 50 mm 的管路上。截止阀既可以做截断使用,也可以调节流量。截止阀的流体阻力比较大,启闭时比较费力,但因为阀板距离密封面距离短,所以启闭行程短。

(2)闸阀:全开时水流直线通过,水流阻力小,适用管径大于 50 mm 的管道。闸阀因为只能全开和全关,它在完全打开时,阀体通道内的介质流动阻力几乎为零,所以,闸阀的启闭会非常省力,但闸板距离密封面距离远,启闭时间长。

(3)蝶阀:阀板在 90°范围内翻转,调节和关闭水流。蝶阀是指关闭件(阀瓣或蝶板)为圆盘,围绕阀轴旋转来达到开启与关闭的一种阀,在管道上主要起切断和调节水流用。

(4)止回阀:用以阻止管道中水流向反方向流动。止回阀用于防止介质倒流,利用流体自身的动能自行开启,反向流动时自动关闭,常设于水泵的出口、疏水器出口及其他不允许流体反向流动的地方。

5. 增压储水设备

增压和储水设备又称给水系统辅助设备,是指在建筑物中增加水泵、水箱和水池。增压和储水设备的作用:当室外给水管网的水压、水量不足,或为了保证建筑物内部供

水的稳定性、安全性时，应根据要求设置水泵、气压给水设备、水箱等增压、贮水设备。

(1)增压设备。增压设备如图 2-6 所示。

(a)

(b)

图 2-6　增压设备

(a)卧式;(b)立式

(2)储水设备。水箱是最常见的建筑物储水设备，如图 2-7 所示。水箱的形状，有圆形、方形和矩形，也可根据需要设计成其他任意形状。水箱的材料采用金属(如钢板焊制，但需做防腐处理，有条件时也可用不锈钢板焊制)或非金属(如塑料、玻璃钢及钢筋混凝土等，较耐腐蚀性，在木材多处也可采用木材)。

读书笔记

水箱配管如图 2-8 所示。水箱配管主要包括进水管、出水管、溢流管、泄水管、通气管等。进水管应设置在水箱最高水位以上以防停止进水时产生虹吸倒流，水箱水位通过浮球阀控制。出水管管径应按给水系统设计秒流量确定，一般与进水管管径相同。出水管设置在右侧箱壁，但其管口最低点应高于箱底不小于 50 mm，以防止箱底沉积物进入管道。溢流管的作用：一是泄压，保证水箱体不超压破坏，保证安全；二是保证浮球阀等水位控制器的动作空间。溢流管管径要求大于进水管管径，可保证排泄水箱最大入流量。泄水管安装在水箱底部，主要用于清洗或检修。泄水管上应装有阀门，其管径不得小于 50 mm。通气管设置在生活水箱的箱盖部位，以使箱内空气流通，通气管管口应朝下并设网罩。

6. 配水装置和用水设备

配水装置和用水设备是建筑室内给水管道工程的终端，目前常用的配水装置和用水设备有卫生器具、洗菜池、洗脸盆、拖把池、小便池、浴缸等。

常见的用水和配水装置如图 2-9 所示。

读书笔记

图 2-7　水箱

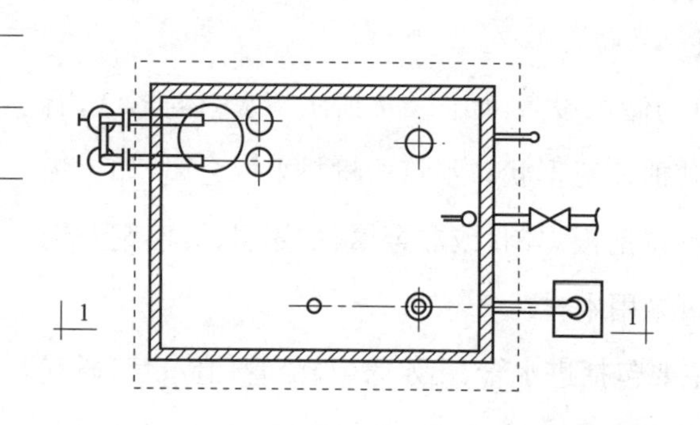

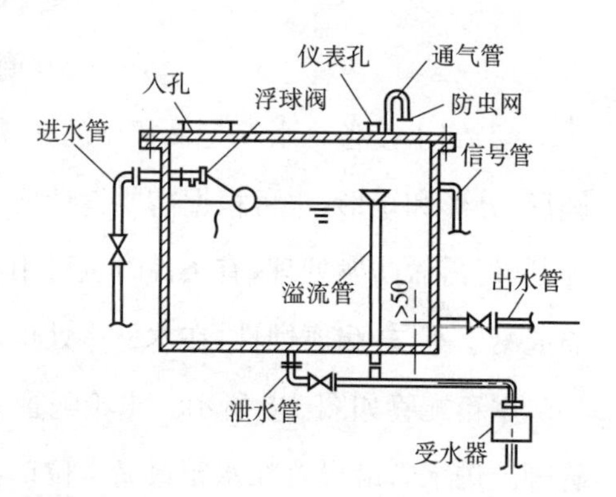

图 2-8　水箱配管示意

(a)

(b)

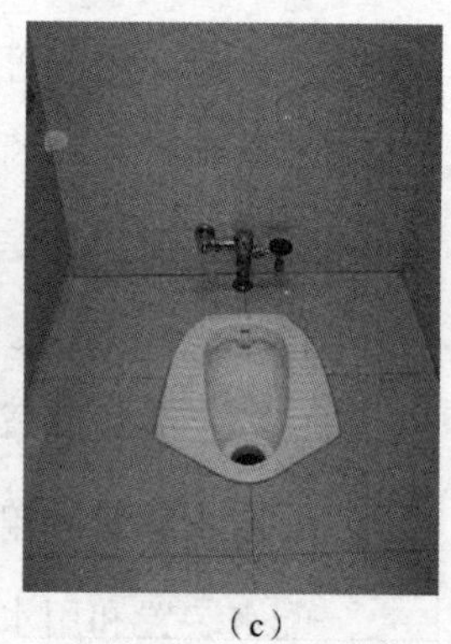

(c)

图 2-9　配水装置和用水设备

(a)洗脸盆;(b)洗菜池;(c)蹲便槽

2.1.1.3 给水方式

建筑给水方式是指建筑内的供水方案，它主要是由建筑物特点、高度、配水点的布置情况、室内水压和室外管网水压和水量等来决定的。合理的给水方式主要考虑四个方面：技术因素、经济因素、社会和环境因素。技术因素主要包括供水可靠性、水质、操作管理和自动化程度等；经济因素包括建筑预算、维护保养等；社会和环境因素包括建筑外观、占地对环境的影响、建设难度和周期等因素。

1. 直接给水方式

直接给水方式是直接把室外管网的水直接连接到建筑物的各用水点。室外-管网直接给水方式如图 2-10 所示。

直接给水方式的优点：设备简单，投资少，方便灵活。直接给水方式的缺点：建筑物内没有储水设备，当室外管网断水，建筑物面临停水的风险。

直接给水适用于对用水要求不高的建筑物。

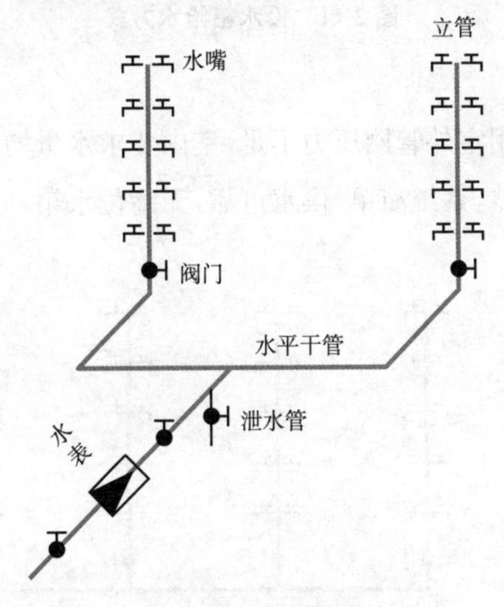

图 2-10 室外管网直接给水方式

2. 设水箱给水方式

设水箱给水方式是在建筑物屋顶或具备设置高位水箱条件的地方设置水箱，以应对室外给水管网断水或水压不足时，临时为建筑物提供供水的方式。

设水箱给水方式优点：可以满足持续用水的需求。设水箱给水方式如图 2-11 所示。

读书笔记

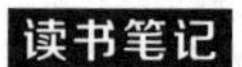

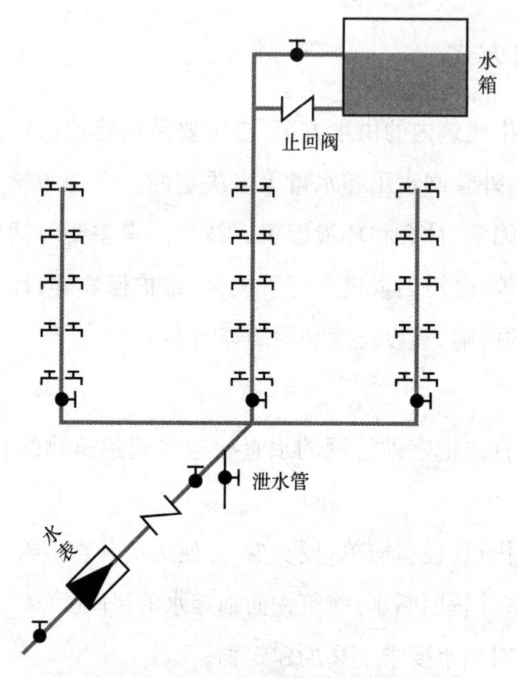

图 2-11 设水箱给水方式

3. 设水泵给水方式

设水泵给水方式适用室外管网压力不足，室内要求水量均匀，且不允许直接从管网抽水时的建筑物。其特点：系统简单，供水可靠，无高位水箱，但耗能多。设水泵给水方式如图 2-12 所示。

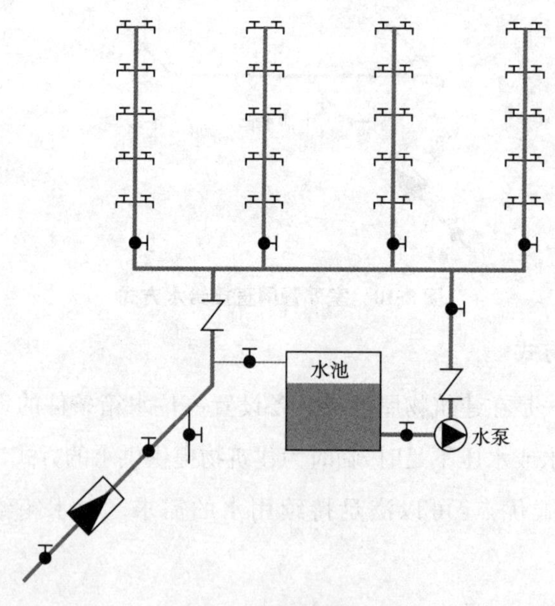

图 2-12 设水泵给水方式

4. 设水箱和水泵的给水方式

设水箱和水泵的给水方式的特点：水泵能及时向水箱供水，可缩小水箱的容积。供水可靠，投资较大，安装和维修都比较复杂。适用场所：室外给水管网水压低于或经常不能满足建筑内部给水管网所需水压，且室内用水不均匀时采用。设水箱和水泵的给水方式如图 2-13 所示。

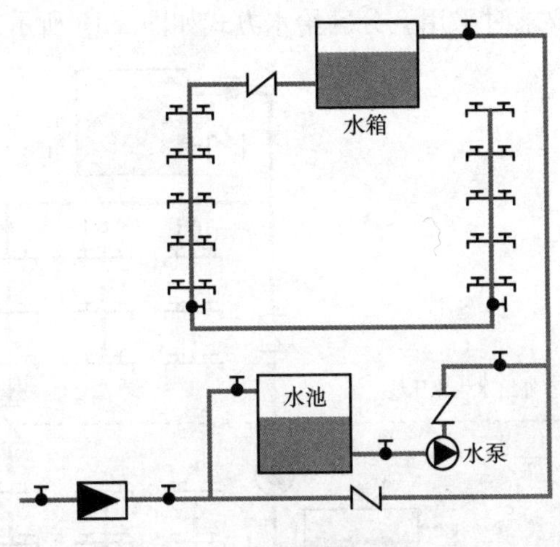

图 2-13　设水箱和水泵的给水方式

读书笔记

5. 设气压给水装置的给水方式

当室外给水管网压力经常不能满足建筑物的供水所需水压时，且建筑不宜设置高位水箱时，经常选用设气压给水装置的给水方式。该方式采用在给水系统中安装气压给水设备的方式来协同水泵增压给水。气压罐的作用相当于高位水箱，缺点是水泵效率低、耗能多。设气压给水装置的给水方式如图 2-14 所示。

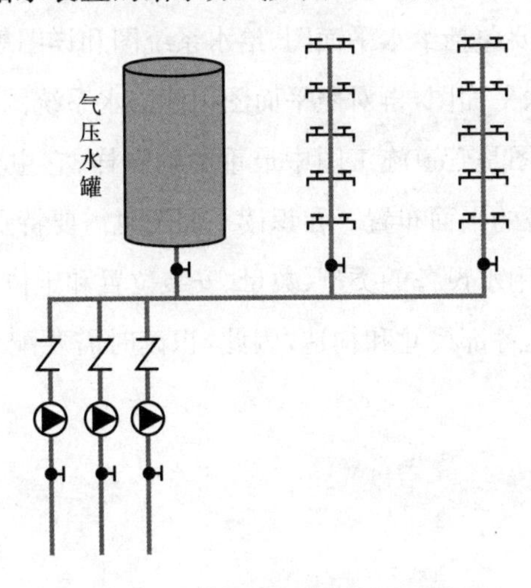

图 2-14　设气压给水装置的给水方式

读书笔记

6. 分区给水方式

分区给水方式适用多层和高层建筑。分区给水方式主要包括利用外网水压的分区给水方式和设置高位水箱的分区给水方式。当室外管网的压力只能满足建筑下部若干层的供水要求时，需要额外提供增压储水设备为高区进行供水。分区给水的方式的特点：可以充分利用外网压力，供水安全，但投资较大，维护复杂。适用场所：供水压力只能满足建筑下层供水要求时采用。分区给水方式如图 2-15 所示。

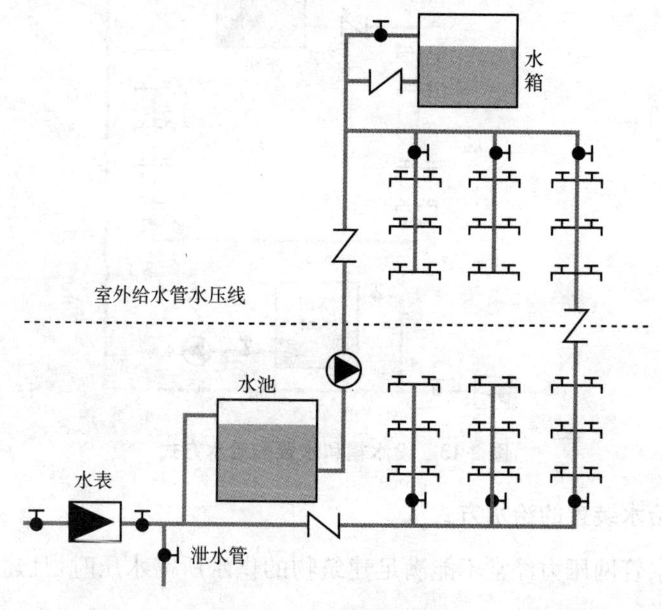

图 2-15　分区给水方式

2.1.2　室内给水工程图识读

室内给水工程图主要包括给水平面图、给水系统图和详图等，室内给水工程图的识图顺序：先识读室内给水平面图，再对照平面图识读给水系统图，最后识读详图。

室内给水管道工程图是管道施工图中最重要的图样，它主要表明建筑物内给水管道、卫生器具和用水设备的平面布置。在识读平面图时需要特别注意的事项如下：

（1）明确卫生器具、用水设备的类型、数量、安装位置和定位尺寸。卫生器具通常用图例画出，不能完整表达各部尺寸和构造，因此，识读时需要配合详图一起完成。常见图例见表 2-1。

表 2-1　给水排水工程图图例

图例	名称	图例	名称	图例	名称
	水表		沐浴喷头	平面 系统	清扫口
	止回阀		污水池		存水湾
	闸阀		坐便器		检查口
平面 系统	水泵		蹲便器		通气帽
平面 系统	水龙头		小便槽		水泵接合器
	室外消火栓		立式 小便器		闸门井 检查井
	立式 洗脸盆		冲洗水箱	HC	化粪池
	浴盆		地漏		雨水口

读书笔记

读书笔记

(2)分析给水引入管的平面位置、走向、尺寸定位、管网的连接形式、管径、坡度等。

(3)查明给水干管、立管、支管的平面位置与走向、管径尺寸及立管编号。给水引入管的编号和管道种类分别写在直径为 8～10 mm 的圆圈内,给水系统写“给”或汉语拼音字母“J”。线下面标注编号,用阿拉伯数字书写。

(4)给水管道上设置水表时,要查明水表型号和安装位置,以及水表前后的阀门设置情况。

下面以图 2-16 和图 2-17 为例,介绍建筑室内给水平面图的识读方法。

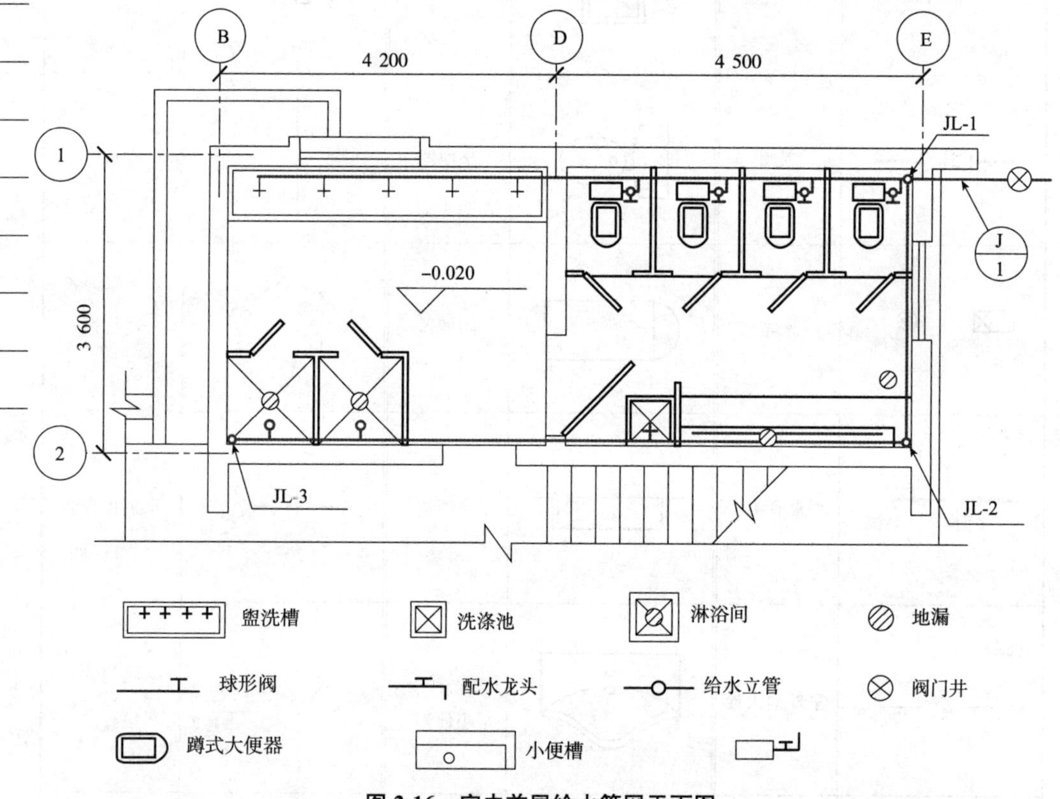

图 2-16　室内首层给水管网平面图

从首层室内平面图(图 2-16)可以看出,首层主要分为四个区域,分别是淋浴区、小便区、大便区和洗手池。引入管从右上角进入建筑物后分成两路,第一路水平向左,经过高位水箱和洗手池。另外一路向下经过小便池和淋浴房。在建筑物的三个角上分别有三根立管与水平连接,通过立管向二楼和三楼继续供水。

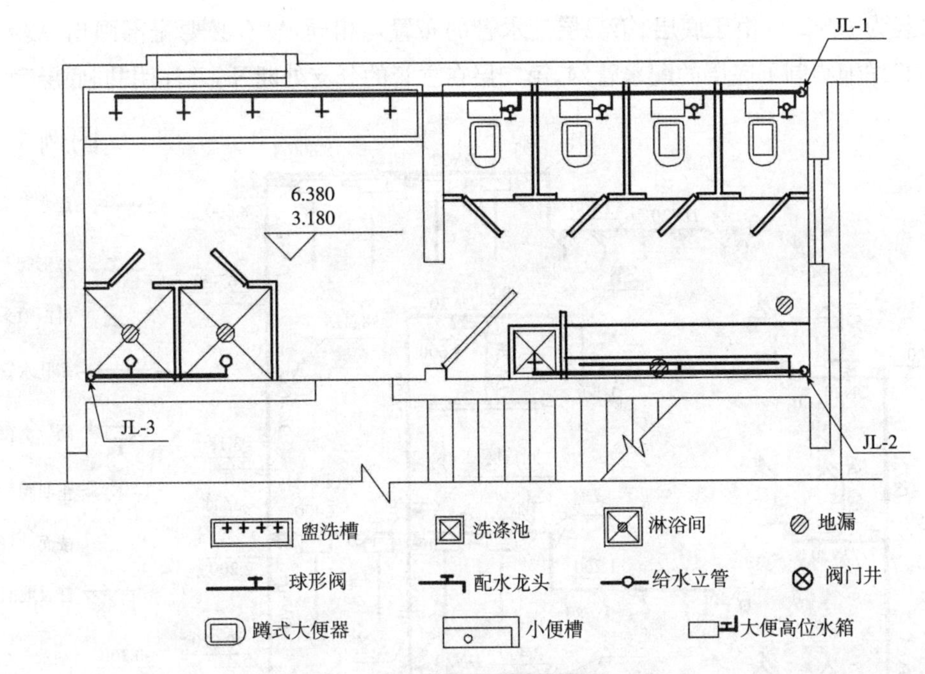

图 2-17　室内二、三层给水管网平面图

从二楼和三楼的平面图(图 2-17)可以看出，二楼和三楼卫生器具的布置与首层相同，楼层高度分别是 3.18 m 和 6.38 m。二楼和三楼的水平管道各自独立布置，三条水平管道通过一楼的 JL-1、JL-2 和 JL-3 立管进行供水。

读书笔记

给水系统图通常采用正面斜等轴测图表示，主要表明管道的立体走向。在给水系统中不用画出卫生器具，只需要标出龙头、冲洗水箱和淋浴器莲蓬头等符号。用水设备画出示意性的立体图，同时在支管上标注文字说明。给水系统图中仅需要画出相应卫生器具的存水弯或器具排水管。在识读时要注意以下内容：

(1)明确给水管道系统的具体走向，管道的敷设形式和管径的变化情况，引入管、干管及支管的标高。识图按引入管、干管、立管、支管及用水设备的顺序进行。

(2)系统图中每层都有标高注明，识图时可根据标高分清管路属于哪一层。管道支架一般不在图中标注。

下面以图 2-18 为例介绍给水系统图的识读方法。可以看到，建筑物分为 3 层，该房屋采用的是下行上给直接供水方式。引入管从地下 1 m(右下角)引入建筑物，引入管中装有阀门。进入室内沿墙角设置立管 JL-1(图中最右边)，立管 JL-1 管径呈梯度分布，分别是一层 *DN*50、二层 *DN*40 和三层 *DN*32。立管 JL-1 分出的横支管为高位水箱和洗手池配水龙头供水，横支管的管径为 *DN*32 和 *DN*20。立管 JL-2(图中中间的立管)通过管径 *DN*40 的干管与立管 JL-1 相连接，立管 JL-2 分出的支管与小便池的多孔水管和拖把池的配水龙头连接，分支管的管径分别为 *DN*20 和 *DN*15。JL-3 立管通过管径 *DN*32 的干管与 JL-3 连接，立管 JL-3 分出的支管与淋浴房的淋浴喷头相连，分支

管管径为 $DN20$。由于底层、第二层配水管的布置均相同，没有必要全部画出，故系统图中只详细绘制了底层的配水管网，第二层在立管的分支处断开，并注明“同底层”。

读书笔记

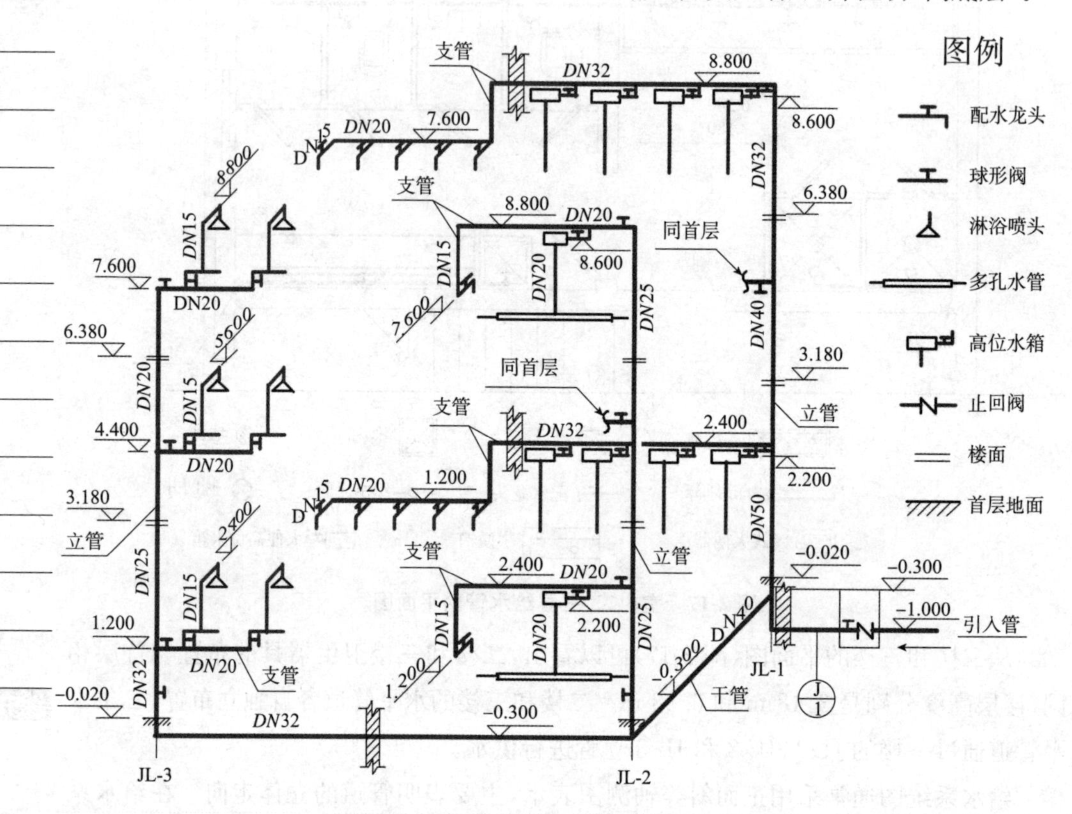

图 2-18　给水系统图

2.2　室内排水工程图识读

室内排水工程是建筑给水排水工程重要的组成部分，本节首先阐述室内给水排水的分类和组成，在此基础上，着重分析室内排水的平面图、系统图。

2.2.1　室内排水系统的相关知识

2.2.1.1　室内排水系统的分类

根据排放污水的性质，建筑室内排水系统可以分为生活排水系统、工业废水排水系统和屋面雨水排水系统。

1. 生活排水系统

生活排水系统是指人们在日常生活中产生的污(废)水的管道系统，为了便于后期

的利用和处理，生活排水系统又可分为以下两种。

（1）生活废水排水系统：主要排除洗漱、洗澡、洗衣和厨房产生的废水。生活废水经过处理可直接用于冲洗厕所、浇花、冲洗汽车和道路等。

（2）生活污水排水系统：主要排除大小便等卫生器具产生的污水，生活污水需要经过特殊处理才能排入管道。

2. 工业废水排水系统

工业废水排水系统是指工业企业在生产过程中产生污（废）水的管道系统，为了便于污（废）水的后期处理和利用，可将其分为以下两种。

（1）生产废水排水系统：排除生产过程中产生的未受污染或轻微污染的，经过简单处理可以循环利用的工业废水，如冷却水、洗涤水等。

（2）生产污水排水系统：生产过程中产生的各种严重污染的工业废水，如酸、碱废水、含氰废水等，也包括水温过高的工业废水。

3. 屋面雨水排水系统

屋面雨水排水系统是指排除降落在屋面的雨（雪）水的管道系统。

2.2.1.2　室内排水系统的组成

室内排水系统需要满足三个基本要求：

①能迅速畅通地将污水排到室外；

②排水管道内气压稳定，有毒气体不能进入室内；

③管道布置合理，工程造价低。

按此要求，室内排水系统主要包括卫生器具、排水管道、通气系统、清通设备、污水提升设备和污水局部处理设施六个部分。各部分的详细结构如图 2-19 所示。

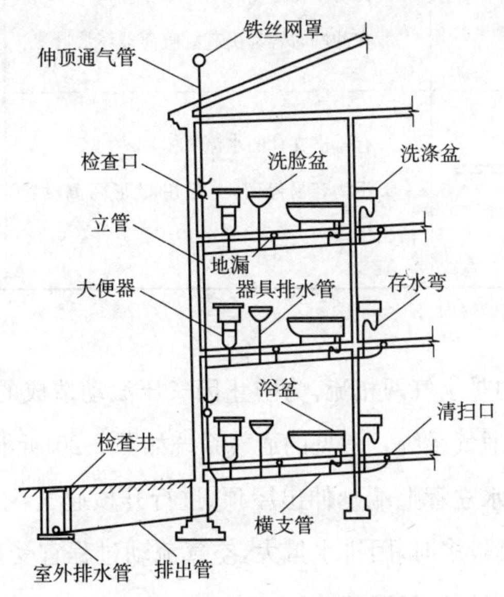

图 2-19　室内排水系统的组成

读书笔记

读书笔记

1. 卫生器具

卫生器具是建筑内部排水系统的起点，是用来满足日常生活和生产过程中各种卫生要求，收集和排除污废水的设备。卫生器具主要包括大便器、小便器、浴盆、洗脸盆、拖把盆和地漏等。

2. 排水管道

排水管道由连接卫生器具的、有一定坡度的横支管、立管，埋设在室内地下的总横干管和排出到室外的排出管等组成。

在建筑排水管道中，水封指的是设在卫生器具排水口下，用来抵抗排水管内气压差变化，防止排水管道系统中气体窜入室内的一定高度的水柱，通常用存水弯来实现。常见的存水弯见表 2-2。

表 2-2　存水弯的类型

名称		示意图	优缺点	适用条件
管式存水弯	P形		1. 小型 2. 污物不易停留 3. 在存水弯上设置通气管是理想、安全的存水弯装置	适用于所接的排水横管标高较高的位置
	S形		1. 小型 2. 污物不易停留 3. 在冲洗时容易引起虹吸而破坏水封	适用于所接的排水横管标高较低的位置
	U形		1. 有碍横支管的水流 2. 污物容易停留，一般在 U 形两侧设置清扫口	适用于水平横支管

3. 通气系统

建筑内部排水管内是水气两相流，为防止因气压波动造成的水封破坏使有毒有害气体进入室内，需设置通气系统。常见的通气系统如图 2-20 所示。当建筑物层数和卫生器具不多时，可将排水立管上端延伸出屋顶，进行升顶通气，不用设专用通气管。当建筑物层数和卫生器具较多时，因排水量大，空气流动过程宜受排水过程干扰，须将排水管和通气管分开，设专用通气管道。

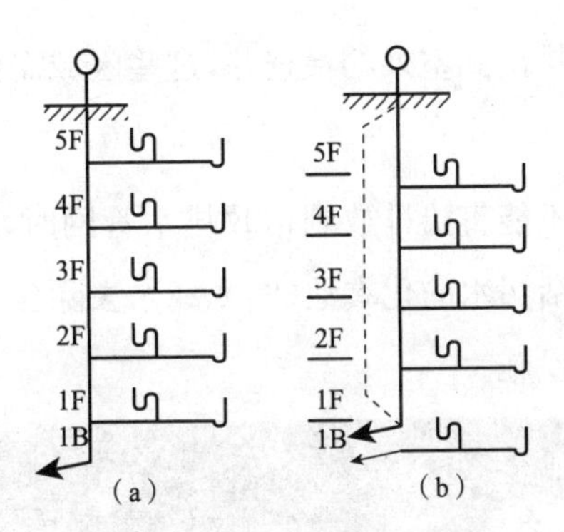

图 2-20　典型的通气形式

(a)无通气单立管；(b)设专用通气管

注意：

(1)伸顶通气管高出屋面不小于 0.3 m，且应大于该地区最大积雪厚度，屋顶有人停留时应大于 2 m；

(2)专用通气立管不得接纳污水、废水和雨水，不得与通风管或烟道连接。

4. 清通设备

污水中含有固体杂物和油脂，容易在管内沉积和黏附，影响管道的通水能力甚至引起堵塞管道。为了保持管道排水通畅，需设置清通设备。清通设备包括开在横支管顶端的清扫口、设置在立管上的检查口和设在室内横干管上的检查口井。检查口一般设置在立管和较长的水平管上，清扫口一般设置在横支管上，如图 2-21 所示。

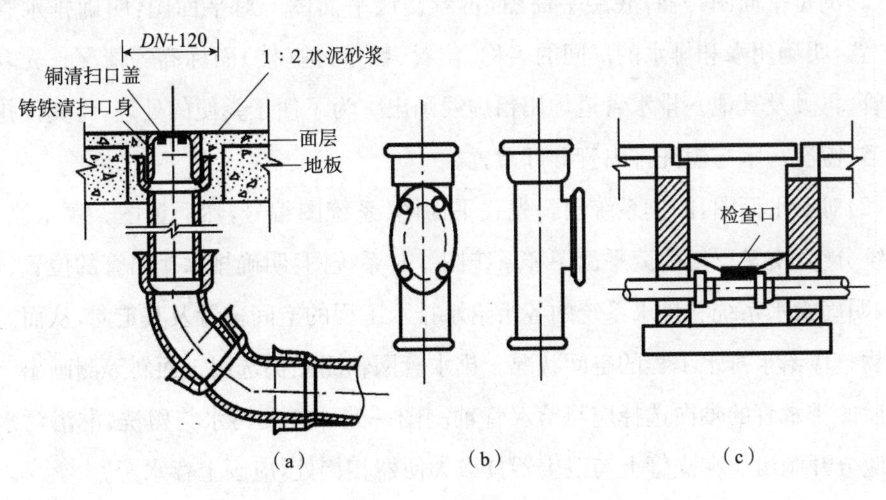

图 2-21　清通设备

(a)清扫口；(b)检查口；(c)检查口井

5. 污水提升设备

工业和民用建筑的地下室、人防建筑、高层建筑的地下技术层和地铁等地方，由于收集的污(废)水不能自行排出到室外的检查井,这些区域需要配置污水提升设备。

读书笔记

6. 污水局部处理设施

当建筑物产生的污水不能直接排放到市政排水管网时,需要配套设置污水局部处理设施。比如处理建筑生活污水的化粪池(图 2-22)、去除含油污水的隔油池,以及以消毒为目的的医院污水处理设施。

图 2-22　污水处理设施

2.2.2　室内排水工程图识读方法

室内排水工程图主要包括排水平面图、排水系统图和详图等,室内排水工程图的识图方法如下:

(1)浏览平面图:先看底层平面图,再看楼层平面图。对平面图:明确排水管的数量、位置,明确用水和排水的房间的名称、位置、数量、地(楼)面标高等情况。先看排水排出管,再顾及其他。排水管道均用粗虚线画出。为了便于粪便的处理,将粪便排出管与淋浴、盥洗污水与盥洗排出管分开布置。

(2)对照平面图,阅读系统图。先找平面图、系统图编号,然后读图。顺水流方向、按系统分组,交叉反复阅读平面图和系统图。对系统图:明确排水排出管的位置、规格、标高,明确给水系统和排水系统的各组给水排水工程的空间位置及其走向,从而想象出建筑物整体给水排水工程的空间状况。排水管网轴测图仍选用正面斜等测画出。同一栋房屋的排水管的轴向选择应与给水管轴测图一致。粪便污水与盥洗、淋浴污水的轴测图应分开画出。在支管上与卫生器具或大便器相接处,应画上存水弯。

(3)阅读排水系统图时,则依次按卫生间器具、地漏及其他污水口、连接管、水平支管、检查井的顺序进行阅读。

下面以图 2-23 为例来介绍排水工程图的识图方法。在图中,建筑物首层有两根排水管连接到外部排水管网,分别是 P1 和 P2,建筑物采用分流制的排水方法,P1 排放生

活污水,P2 排放生活废水。P1 排水管连接排水立管 PL-1 和 PL-2,排水立管 PL-1 连接排水横管,排水横管接收 4 个大便器上的排水支管产生的污水。排水立管 PL-2 主要收集小便池和拖把池中产生的污水。P2 排水管连接 PL-3 和 PL-4 排水立管,PL-3 立管负责收集淋浴间里产生的废水,PL-4 立管负责收集洗手池中产生的废水。图 2-24 中二层和三层的排水管道布置与首层相似,此处不再赘述。

排水平面图对应的排水系统图如图 2-25 所示。由于粪便污水与盥洗、淋浴污水分两路排出室外,所以,它们的轴测图也分别画出。

立管 PL-1 位于厕所间的东北角,即①与轴线Ⓔ相交处。清扫口和大便器的污水流入横管,再排向立管 PL-1。

立管 PL-2 位于厕所间的东南角,即②与轴线Ⓔ相交处。拖布池和小便槽内的废水通过 S 形存水弯(水封)排入横管,再排向立管 PL-2。

立管 PL-3 位于盥洗间的西南角,即②与轴线Ⓑ相交处。淋浴间的污水通过地漏(设存水弯)流向此横管,然后排向立管 PL-3。

立管 PL-4 位于盥洗间的西北角,即①和轴线Ⓑ相交处。盥洗槽的污水通过地漏(设存水弯)流向横管,然后排向立管 PL-4。

读书笔记

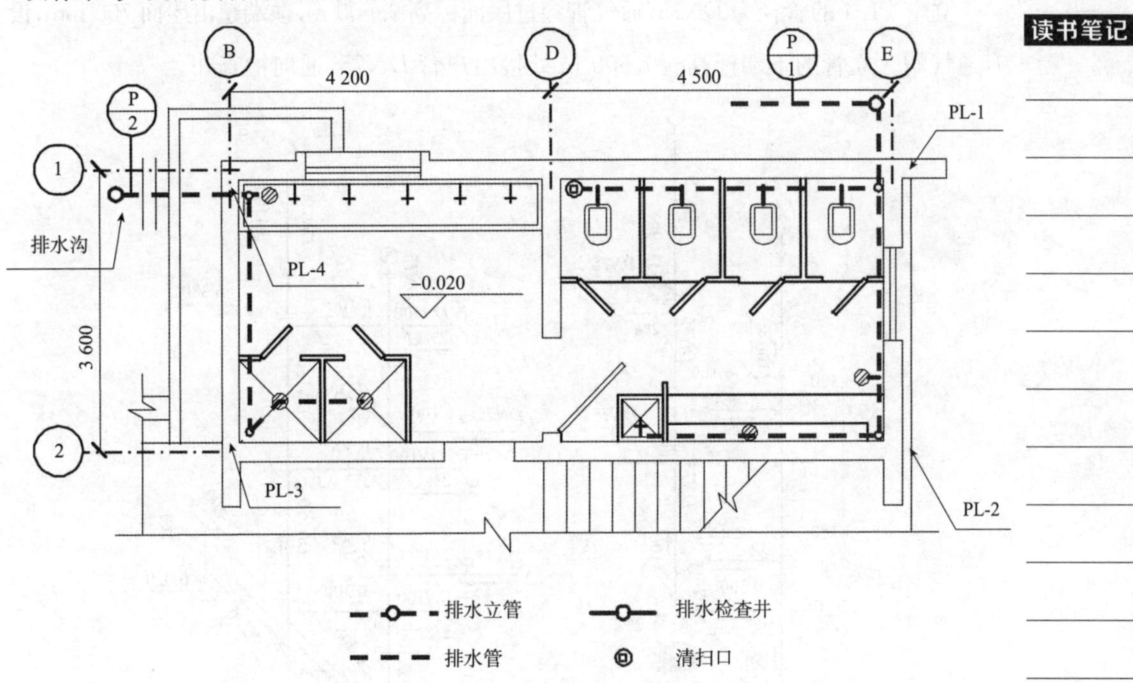

图 2-23　室内首层排水管网平面图

读书笔记

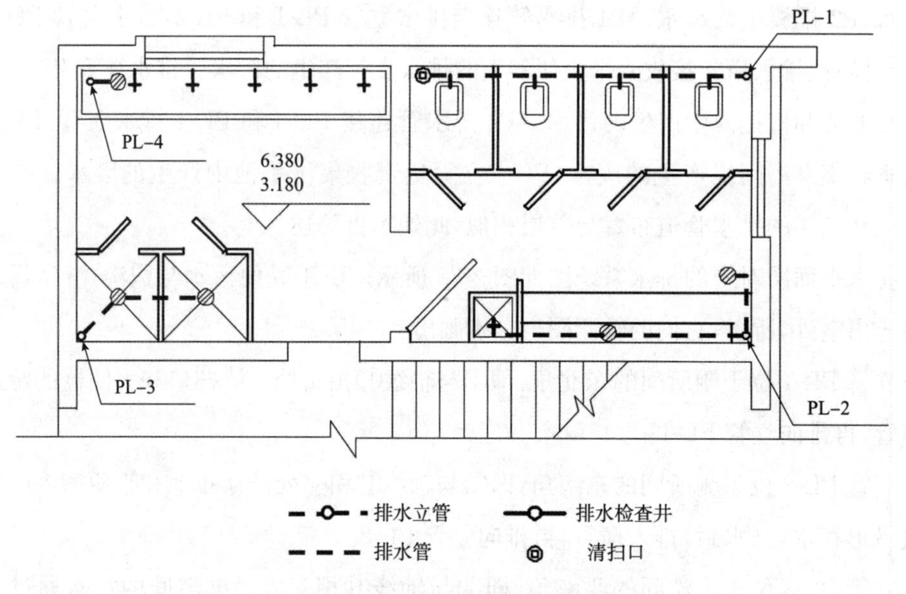

图 2-24　室内二、三层排水管网平面图

立管 PL-1 的管径为 *DN*100，通气管穿过屋面标高 9.600 m，顶端超出屋面 700 mm，设有通气帽。立管的下端标高－1.200 m 处接出户管 *DN*100，通向检查井。

立管 PL-4 的管径为 *DN*75，通气管穿过屋面标高 9.600 m，顶端超出屋面 700 mm，设有通气帽。立管的下端标高－0.500 m 处接出户管 *DN*75，通向检查井。

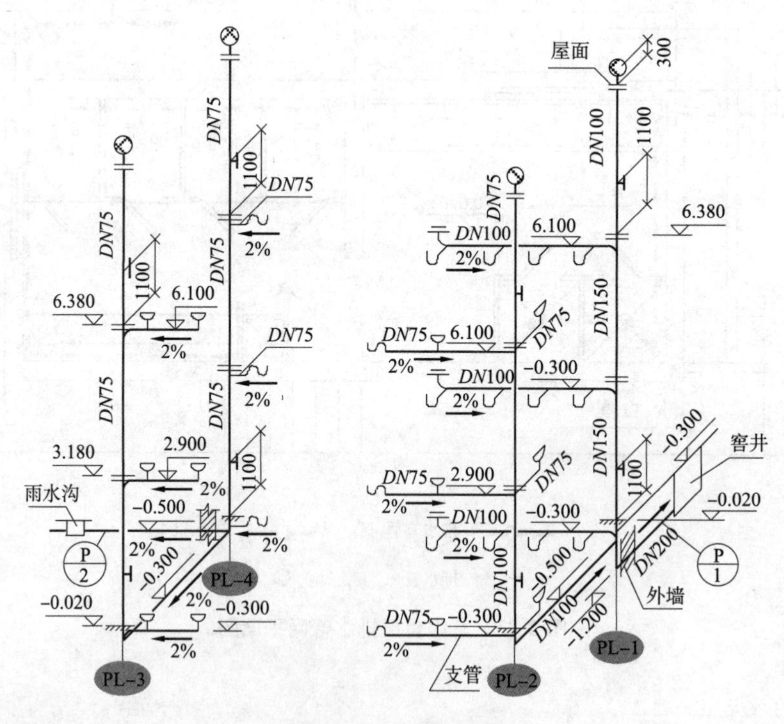

图 2-25　排水系统图

复习思考题

1.建筑给水的方式有哪些？每种给水方式各自的优缺点是什么？

2.建筑排水系统由哪些部分组成？

3.建筑给水排水工程图识读的方法有哪些？

学习总结

第3章 建筑采暖与燃气工程图识读

本章包括建筑采暖工程图识读和建筑燃气工程图识读两个部分。

知识目标

1. 掌握建筑采暖工程的组成及建筑采暖工程图的识读方法。
2. 掌握建筑燃气工程的组成及建筑燃气工程图的识读方法。

能力目标

1. 能熟练识读采暖与燃气工程的平面图、系统图和施工详图。
2. 能设计简单的采暖和燃气工程图。

素质目标

1. 培养严谨的工作作风和细致、耐心的职业素养。
2. 培养团结协作、善于沟通的能力。

建筑采暖与燃气工程图识读

3.1 建筑采暖工程图识读

随着人们生活水平的不断提高,建筑采暖工程已经成为建筑安装工程的重要组成部分。建筑采暖工程图是建筑采暖设备安装的主要依据,因此,熟练掌握建筑采暖工程图是暖通专业技术人才必须掌握的能力。

3.1.1　建筑采暖工程的相关知识

3.1.1.1　采暖工程的分类

1. 按供暖热媒分类

供暖系统最常用的热媒有水蒸气、热空气、烟气和热水等，因此，供暖系统按热媒的不同可分为蒸汽供暖、热风供暖、烟气供暖和热水供暖。其中，热水和蒸汽供暖在建筑物中应用最为广泛。

2. 按供暖范围分类

根据供暖范围由大到小，供暖系统可分为区域供暖系统、集中供暖系统和局部供暖系统。其中，区域供暖系统以集中供热的热网作为热源，向一个区域供应热能；集中供暖系统是由热源通过管网向一幢或数幢房屋提供热能；局部供暖系统的范围最小，如火炉、火墙和煤气红外辐射器等。

3.1.1.2　采暖工程的组成

图 3-1 所示是热水采暖系统组成示意，下面以热水采暖系统为例，介绍采暖系统的组成。采暖系统一般由锅炉、供热管道、膨胀水箱、分水器、阀门、自动排气阀、散热器、回水管道、集水器、补给水、除污器、水泵、止回阀等组成。

读书笔记

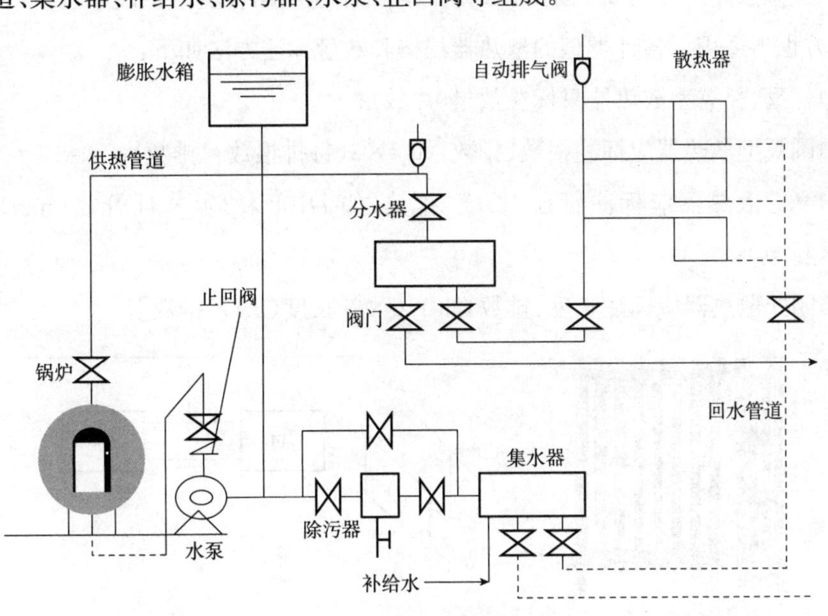

图 3-1　热水采暖系统组成示意

1. 锅炉

锅炉是加热设备，将冷水加热成热水或蒸汽，供采暖系统使用。它主要由汽锅、炉

读书笔记

子、蒸汽过热器、省煤器、空气预热器和仪表附件等组成。采暖系统所用的锅炉可分两大类，即热水锅炉和蒸汽锅炉(图 3-2)。在热水锅炉中，热水温度低于 115 ℃的为低压热水锅炉，温度高于 115 ℃的为高压热水锅炉；对于热蒸汽锅炉来说，蒸汽压力低于 0.07 MPa 的称为低压蒸汽锅炉，蒸汽压力高于 0.07 MPa 的称为高压蒸汽锅炉。

图 3-2　锅炉

(a)热水锅炉；(b)蒸汽锅炉

2. 散热片

散热片是供暖系统的终端。散热片按使用材料可分为铸铁散热片和钢制散热片。铸铁散热片主要有翼型和柱型两种，柱型散热片热强度高、传热系数大，广泛应用于住宅建筑，柱型散热片如图 3-3 所示。钢制散热片不能应用在蒸汽供暖系统中，且湿度较大的地方也不适用。各种类型的散热器规格和数量标注方法如下：

(1)柱型、长翼型散热器只标注数量(片数)；

(2)圆翼型散热器应标注根数、排数，如 3×2(每排根数×排数)；

(3)光管散热器应标注管径、长度、排数，如 D108×200×4[管径(mm)×管长(mm)×排数]；

(4)闭式散热器应标注长度、排数，如 1.0×2[长度(m)×排数]。

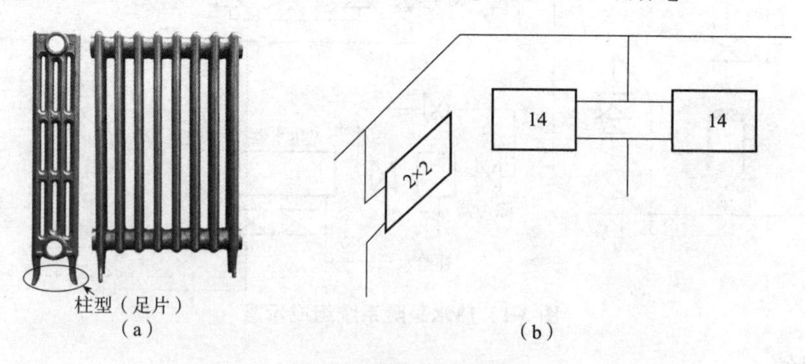

图 3-3　散热片及画法

(a)柱型散热片；(b)柱型、圆翼型散热器画法

3.1.1.3 供暖系统的基本图式

供暖系统的布置方式可分为垂直式与水平式，垂直式又有单管系统和双管系统之分，水平式仅为单管系统。供暖系统的布置方式按供水和回水干管的位置可分为上供式、中供式和下供式；回水有下回式和上回式。在供暖系统中一般采用多种形式组合的方式，如上供下回式、下供下回式、上供上回式和下供上回式。图 3-4 所示是上供下回式，供热系统的供热管道在上，回水管道在下。

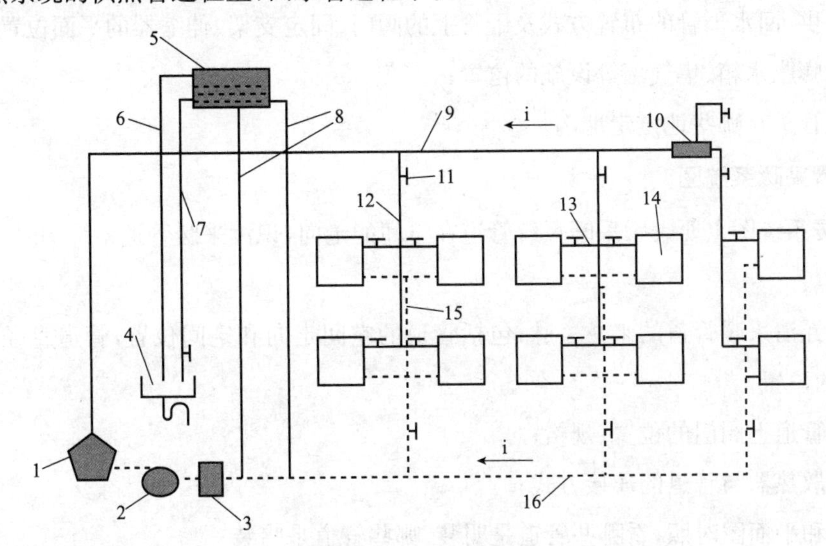

图 3-4 上供下回式

1—锅炉；2—水泵；3—除污器；4—排水池；5—膨胀水箱；

6—溢流管；7—检查管；8—循环管；9—供水干管；10—集气罐；

11—阀门；12—供水立管；13—供水支管；14—散热器；15—回水立管；16—回水干管

3.1.2 采暖工程图识读方法

采暖施工图一般分为室外和室内两部分。室外部分表示一个区域的采暖管网，包括总平面图、管道横纵剖面图、详图及设计施工说明。室内部分表示一幢建筑物的采暖工程，包括采暖系统平面图、轴测图、详图及设计、施工说明。室内采暖系统施工图由施工说明、施工平面图、采暖系统图和采暖施工详图及大样图组成。

3.1.2.1 采暖工程图的识读顺序

1. 看施工说明

从文字说明中可以了解以下几方面的内容：

(1)散热器的型号；

(2)管道的材料及管道的连接方式；

(3)管道、支架、设备的刷油和保温做法；

读书笔记

(4)施工图中使用的标准图和通用图。

2. 看室内采暖施工平面图

采暖平面图是室内采暖系统工程最基本和最重要的图，它主要表明采暖管道和散热器等的平面布置和平面位置。要注意以下几点：

(1)散热器的位置和片数；

(2)供、回水干管的布置方式及干管上的阀门、固定支架、伸缩器的平面位置；

(3)膨胀水箱、集气罐等设施的位置；

(4)管子在哪些地方走地沟。

3. 看采暖系统图

采暖系统图主要表示采暖系统管道在空间的走向，识读采暖管道系统图时，要注意以下几点：

(1)弄清采暖管道的来龙去脉，包括管道的空间走向和空间位置，管道直径及管道变径点的位置；

(2)管道上阀门的位置、规格；

(3)散热器与管道的连接方式；

(4)和平面图对照，看哪些管道是明装、哪些管道是暗装。

3.1.2.2 采暖工程图的图示特点

(1)采暖工程图的表达方法与房屋建筑图有些一样，例如：平面图、立面图、剖面图等，图名和投影方法都相同，采用的比例也相应一致。

(2)对于采暖工程图以表达采暖设施为主，房屋建筑的表达处于次要地位，只要表达两者之间的相对位置关系即可。因此，房屋建筑的轮廓(地面线用粗实线)都用细实线画出。

(3)供水和供汽的铅直分支立管和水平干管用粗实线绘制，散热器以及向散热器供水或供汽的水平支管用中粗实线绘制。

(4)回水干管或凝结水干管和立管用粗虚线绘制，连接散热器的水平回水支管或凝结水支管用中粗虚线绘制。

(5)其他附属设备用中粗实线绘制，图形太小可用稍细的实线。

3.1.2.3 采暖工程图识读实例

下面以某综合楼为例，介绍采暖工程图的识读方法。图 3-5 所示为某综合楼采暖一层平面图，图 3-6 所示为采暖二层平面图，图 3-7 所示为采暖系统图。

1. 施工说明

(1)本工程采用低温水供暖，供回水的温度为 70 ℃～95 ℃；

(2)系统采用上分下回单管顺流式；

(3)管道采用焊接钢管，*DN*32 以下为螺纹连接，*DN*32 以上为焊接；

(4)散热器选用铸铁四柱 813 型，每组散热器设手动放气阀；

(5)集气罐采用Ⅰ型卧式集气阀；

(6)明装管道和散热器等设备，附件及支架等刷红丹防锈漆两遍，银粉两遍；

(7)室内地沟断面尺寸为 500 mm×500 mm，地沟内管道刷防锈漆两遍，50 mm 厚岩棉保温，外缠玻璃纤维布；

(8)图中未注明管径的立管均为 *DN*20，支管为 *DN*15；

(9)其余未说明部分，按施工及验收规范有关规定进行。

2. 供暖平面图的识读

(1)根据图 3-5 和图 3-6 了解建筑物的首层和二层整体结构，综合楼总长 36 m，宽 15.3 m，水平建筑轴线为①～⑪，竖向建筑轴线为Ⓐ～Ⓓ。建筑物的房间南北对称，南门 11 间，面积相同；北门 8 间，面积相同。楼梯设置在北门⑤～⑦。首层和二层的房间结构基本相同。

(2)通过平面图查看管道和散热器的布置，管径 *DN*50 的供热总管道从建筑物首层南面编号⑥～⑦引入建筑物，回水管道围绕建筑一周，同样在南面编号⑥～⑦汇集后流出建筑物。每个房间都设置了散热片，散热片数量为 9～16 片不等。二层供暖管道围绕建筑物一周。其他细节需要结合系统图来进一步分析。

读书笔记

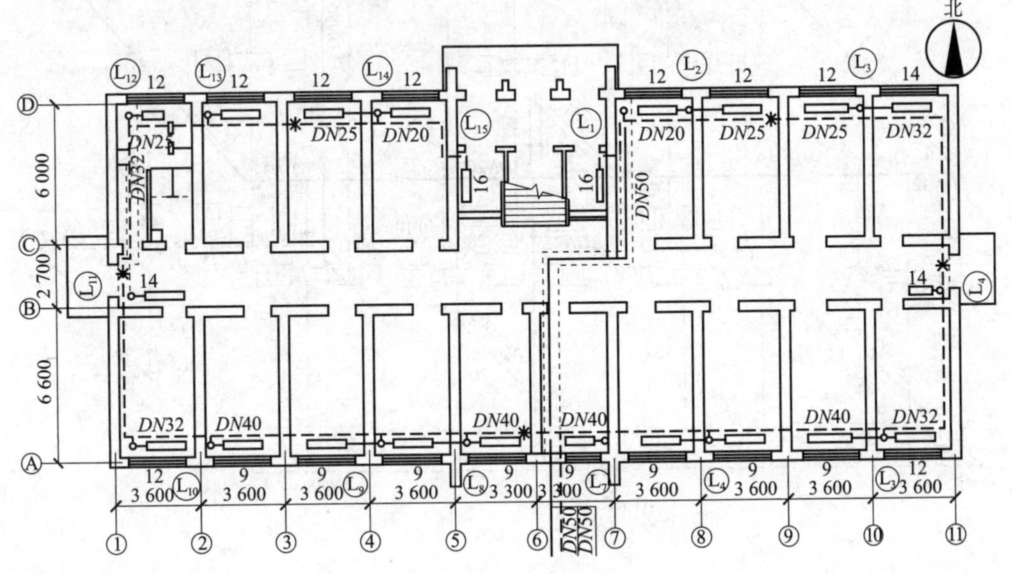

图 3-5　采暖一层平面图

读书笔记

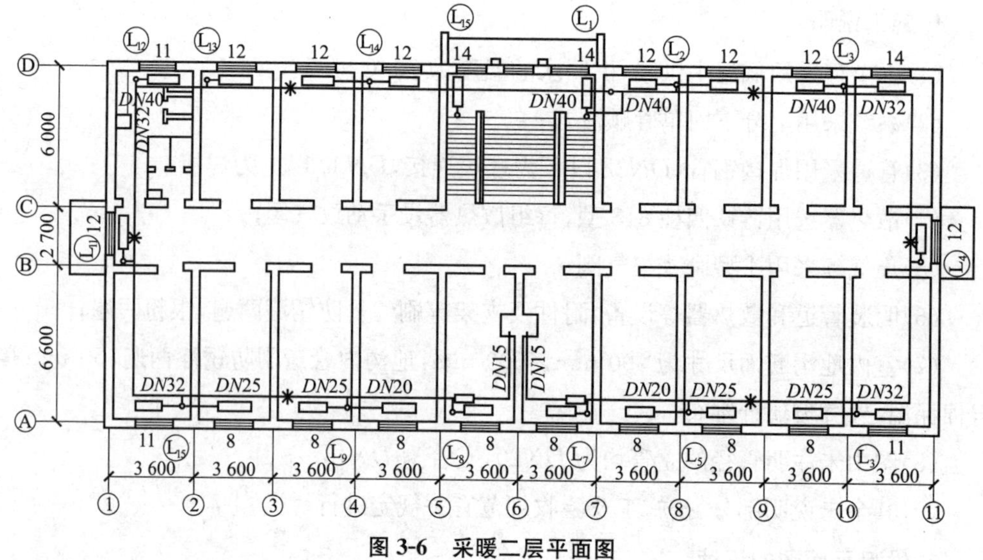

图 3-6　采暖二层平面图

3. 采暖系统图的识读

从采暖平面图(图 3-5)中可了解房屋内部各房间的分布和过道、门、窗、楼梯位置等情况,以及采暖系统在水平方向的布置情况。下面结合采暖系统图(图 3-7)对管道的走向做更深入的分析。从系统图中可以看出 *DN*50 的采暖总管从南面进入建筑物后,径直向北通过立管进入建筑二层,在建筑物二层围绕建筑一周。二层采暖管道与 15 根立管连接,每根立管都装有阀门,负责给同一位置的上、下两个房间供暖。二层没有设置回水管道,所有的回水管道都设置在首层,回水管道汇集到建筑物南面流出建筑物。

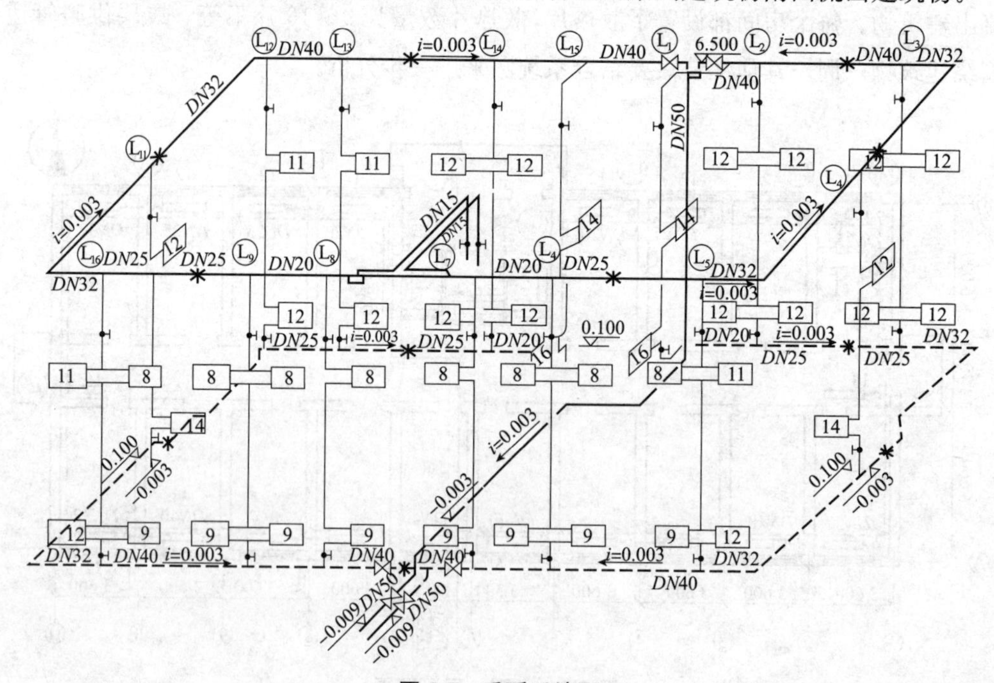

图 3-7　采暖系统图

3.2 建筑燃气工程图识读

随着人们生活水平的不断提高，燃气管道已经成为建筑物的标准配置。燃气管道相关的工程是建筑工程重要的一环，学习和识读燃气工程图对于建筑的设计和安装具有重要的作用。

3.2.1 燃气工程的组成

建筑室内燃气工程的组成如图 3-8 所示，可以看到，建筑物的最下面是引入管、砖台和保温层，各层的燃气输送通过立管 4 来完成，每户装有入户支管、燃气计量表、旋塞及活接头、用具连接管和燃气用具。

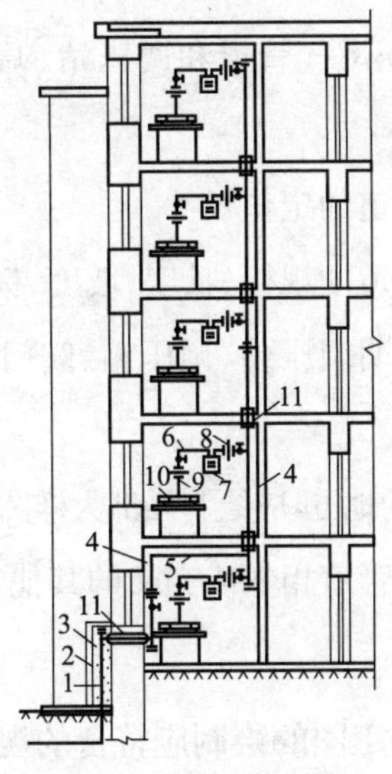

图 3-8 室内燃气系统

1—用户引入管；2—砖台；3—保温层；4—立管；5—水平干管；6—用户支管；

7—燃气计量表；8—旋塞及活接头；9—用具连接管；10—燃气用具；11—套管

3.2.2 燃气管道工程图的相关知识

完整的燃气管道工程图包括目录、施工说明、平面图、系统图、详图、主要材料表和设计图样。

(1)目录按照设计说明、表格、图样进行编号和排序，如某建筑燃气工程图的目录上一般有设计说明、主要设备材料表、一层平面图、标准层平面图、轴测图、燃气表安装详图。

读书笔记

读书笔记

(2)设计说明一般包括设备型号和质量、管材附件及附件的材质、基本设计数据、安装要求及质量检查等。

(3)主要材料表是说明设备的名称、型号、规格和数量。

(4)设计图样包括平面图、系统图和详图。其中平面图、轴测图和设计说明难以表述清楚的,应有详图表述。

3.2.2.1 小区燃气管道施工图绘制的主要事项

(1)小区燃气管道施工图应绘制燃气管道平面布置图,可不绘制管道纵断面图。当小区较大时,应绘制区位示意图对燃气管道的区域进行标识。

(2)燃气管道平面图应在小区和庭院的平面施工图、竣工图或实际测绘地形图的基础上绘制。图中的地形、地貌、道路及所有建(构)筑物等均应采用细线绘制。应标注出建(构)筑物和道路的名称,多层建筑应注明层数,并应绘出指北针。

(3)平面图中应绘出中、低压燃气管道和调压站、调压箱、阀门、凝水缸、放水管等,燃气管道应采用粗实线绘制。

(4)平面图中应给出燃气管道的定位尺寸。

(5)平面图中应注明燃气管道的规格、长度、坡度、标高等。

(6)燃气管道平面图中应注明调压站、调压箱、阀门、凝水缸、放水管及管道附件的规格和编号,并给出定位尺寸。

(7)平面图中不能表示清楚的地方,应绘制局部大样图。局部大样图可不按比例绘制。

(8)平面图中宜绘出与燃气管道相邻或交叉的其他管道,并注明燃气管道与其他管道的相对位置。

3.2.2.2 室内燃气管道施工图的绘制应符合的规定

(1)室内燃气管道施工图应绘制平面图和系统图。当管道、设备布置较为复杂,系统图不能表示清楚时,宜辅以剖面图。

(2)室内燃气管道平面图应在建筑物的平面施工图、竣工图或实际测绘平面图的基础上绘制。平面图应按直接正投影法绘制。明敷的燃气管道应采用粗实线绘制;墙内暗埋或埋地的燃气管道应采用粗虚线绘制;图中的建筑物应采用细线绘制。

(3)平面图中应绘出燃气管道、燃气表、调压器、阀门、燃具等。

(4)平面图中燃气管道的相对位置和管径应标注清楚。

(5)系统图应按45°正面斜轴测法绘制。系统图的布图方向应与平面图一致,并应按比例绘制;当局部管道按比例不能表示清楚时,可不按比例表示。

(6)系统图中应绘出燃气管道、燃气表、调压器、阀门、管件等,并应注明规格。

(7)系统图中应标出室内燃气管道的标高、坡度等。

(8)室内燃气设备、入户管道等处的连接做法,宜绘制大样图。

燃气工程常用管道代号见表 3-1。

表 3-1　燃气工程常用管道代号

序号	管道名称	管道代号	序号	管道名称	管道代号
1	燃气管道(通用)	G	7	液化天然气气相管道	LNGV
2	高压燃气管道	HG	8	液化天然气液相管道	LNGL
3	中压燃气管道	MG	9	液化石油气气相管道	LPGV
4	低压燃气管道	LG	10	液化石油气液相管道	LPGL
5	天然气管道	NG	11	液化石油气混空气管道	LPG－AIR
6	压缩天然气管道	CNG	12	人工煤气管道	M

3.2.3　燃气管道工程图的识读

读书笔记

燃气工程图的识图方法一般遵循从整体到局部、从大到小、从粗到细的原则。将平面图、系统图和文字说明对照查看。识读燃气工程图时,先按目录进行清点,按目录→设计说明→主要材料表→图样的顺序进行识读。识读平面图和系统图时重点掌握管道的走向、尺寸、管材并与建筑的空间位置关系,掌握各种设备的型号、数量、平面及空间的位置,最后掌握各种管道与设备的连接关系。识图时不管是看平面图和轴测图均应按流向识读,即燃气进户管→立管→支管→燃气表→连接燃气用具的立管和支管,从大管径向小管径方向识读。下面以图 3-9 和图 3-10 为例,介绍室内燃气工程图的识读方法。

图 3-9 所示为某住宅首层和二层的燃气管道平面图,图 3-10 所示为某住宅平面图对应的系统图。从平面图中可以看出,燃气外部管网设置在建筑物的北面,通过引入管从建筑物北面的最两端引入厨房的燃气表,二层的燃气管网通过立管引入。从系统图中可以看出,建筑物外的燃气总管管径为 *DN*50,引入管从地下 2.2 m 引入建筑物,管径为 *DN*25。引入管与 *DN*25 的立管连接后,向上引入建筑物首层的住宅,立管在距离地面 0.5 m 处做了 90°的转弯,然后距离地面 2 m 处进入首层建筑物的燃气计量表,燃气灶的高度为 1 m。燃气表两端装有球阀和旋塞阀。楼上各层的结构与首层相同。

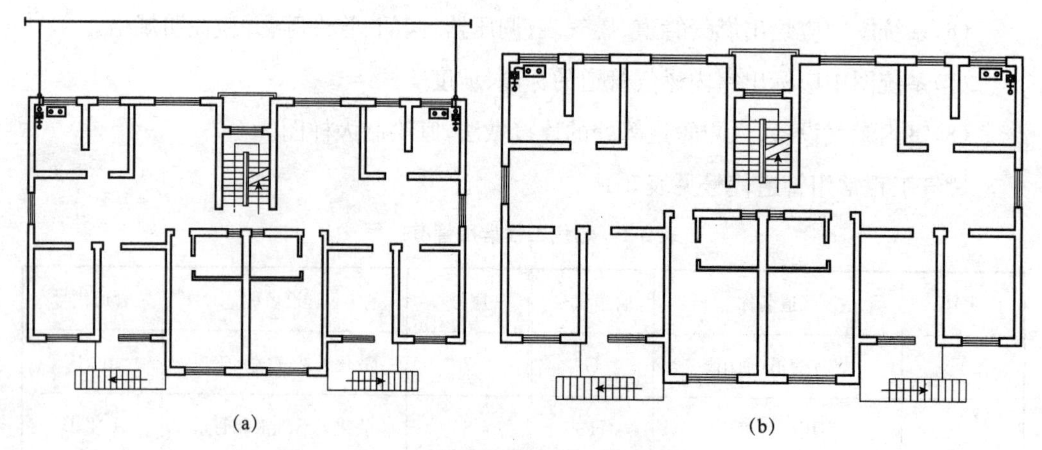

图 3-9　某住宅楼燃气工程平面图

(a)首层平面图；(b)二层平面图

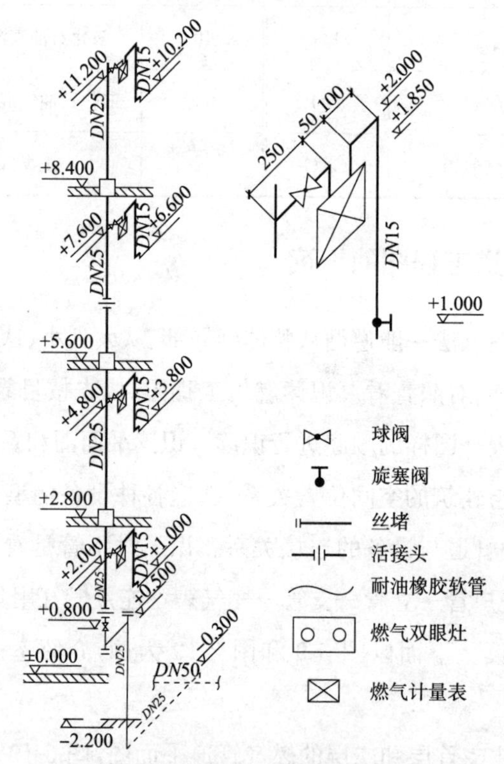

图 3-10　燃气工程系统图

复习思考题

1. 热水采暖系统常用的图式有哪几种？其特点是什么？

2. 简述室内采暖管道施工图的识读方法、内容和注意事项。

3. 简述燃气管道的组成及各部分位置。

学习总结

第4章 建筑通风空调工程图识读

随着人们生活水平的不断提高，对室内空气质量的要求越来越高，现代城市建筑从设计美观方面考虑，多采用密闭设计，室内通风全部依靠通风工程。建筑通风空调工程涵盖了送风、排风、除尘、净化、制冷、防排烟等工程。学会识读建筑通风空调工程图是现代楼宇施工人员必备的技能。

知识目标

1. 掌握建筑通风空调工程的组成及分类。
2. 掌握室内通风空调工程图的识读方法。
3. 掌握建筑室内金属空调箱总图的识读方法。

能力目标

1. 能熟练识读通风空调工程图的平面图、系统图和施工详图。
2. 能熟练识读金属空调箱的总图。

建筑通风空调工程图识读

素质目标

1. 培养严谨的工作作风和细致、耐心的职业素养。
2. 培养团结协作、善于沟通的能力。

4.1 通风空调工程的组成和分类

通风空调工程可以细分为通风系统和空调系统。通风系统可以独立设置，空调系统一般需要与通风系统组成一个整体。

读书笔记

4.1.1 通风系统的组成和分类

通风系统是用换气的方法，把室外的新鲜空气经过适当的处理后送到室内，将室内的废气排除，保持室内空气新鲜和洁净度的工程。

4.1.1.1 通风的主要功能

(1)提供人呼吸所需要的氧气；

(2)稀释室内污染物或气味；

(3)排除室内工艺过程产生的污染物；

(4)除去室内多余的热量(称余热)或湿量(称余湿)；

(5)提供室内燃烧设备燃烧所需的空气。

4.1.1.2 通风工程的分类

1. 按通风动力分

(1)自然通风：借助室内外压差产生的风压和室内外温差产生的热压进行通风换气的方式。自然通风是依靠室内外空气的温度差(实际是密度差)造成的热压，或者是室外风造成的风压，使房间内外的空气进行交换，从而改善室内的空气环境。

优点：自然通风不需要另外设置动力设备，对于有大量余热的车间，是一种经济、有效的通风法。

缺点：无法处理进入室内的空气，也难于对从室内向室外排出的污浊空气进行净化处理；而且，自然通风受室外气象条件影响、通风效果不稳定。

(2)机械通风：依靠机械动力(风机风压)进行通风换气(图 4-1)。

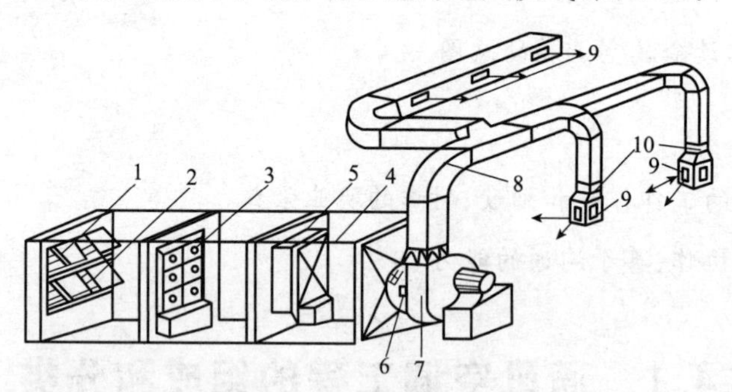

图 4-1 全面机械送风系统

1—百叶窗；2—保温阀；3—过滤器；4—空气加热器；5—旁通阀；6—启动阀；7—风机；8—风道；9—送风口；10—调节阀

2. 按通风作用范围分

(1)全面通风是对整个房间进行通风换气，用送入室内的新鲜空气把房间里的有害

物质浓度稀释到国家卫生标准的允许浓度以下，同时把室内被污染的污浊空气直接或经过净化处理后排放到室外大气中去。全面通风能够改善整个房间的室内环境，但耗费风量大，比较浪费能源[图 4-2(a)]。

(2)局部通风是采用局部气流，使人员工作的地点不受有害物质的污染，以形成良好的局部工作环境[图 4-2(b)]。局部通风具有通风效果好、风量节省等优点，适用大型车间，尤其是大量余热的高温车间，是在全面通风无法保证室内所有地方都达到适宜程度时所采用的。但局部通风设计需要精确计算，否则无法保证通风程度。

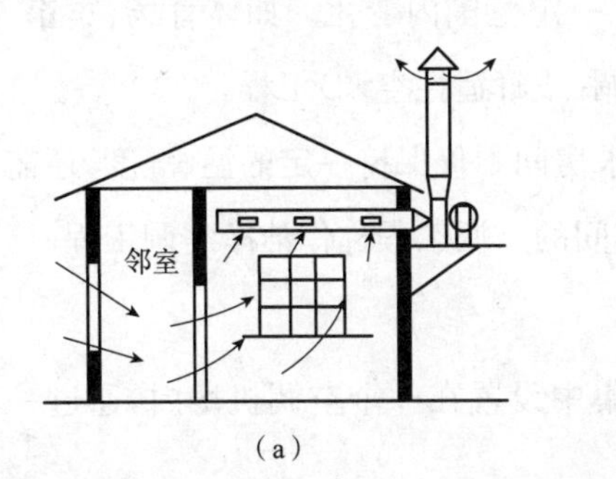

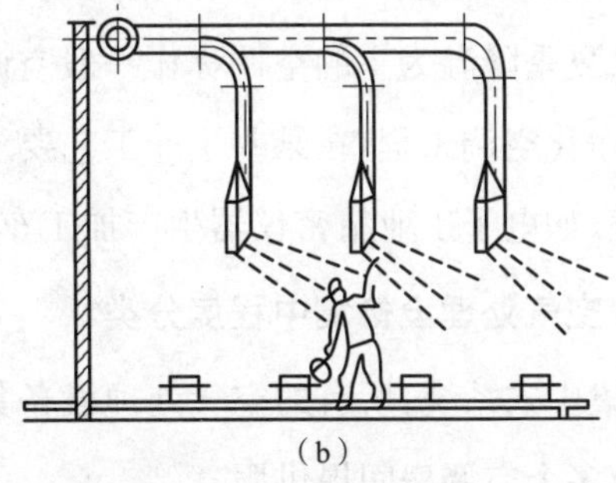

图 4-2 全面机械送风系统

(a)全面通风；(b) 局部通风

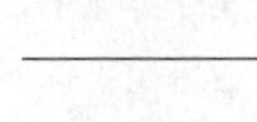

4.1.1.3 通风系统的组成

(1)送风管道：设置调节阀、防火阀、检查孔、送风口等；

(2)回风管道：设置防火阀、回风口等；

(3)管道配件及管件：弯头、三通、四通、异径管、法兰盘、导流片、静压箱等；

(4)管道配件：测定孔、管道支托架；

(5)通风设备：空气处理器、过滤器、加热器、送风机。

4.1.2 空调系统的组成和分类

空调系统是更高级的通风，既要保证送进室内空气的温度和洁净度，同时还要保持送进室内空气一定的干湿度和速度的设施。

目的：控制环境的温、湿度，满足舒适的要求；控制房间的空气流速及洁净度，满足特殊工艺对空气质量的要求(相对湿度：空气中含有的水蒸气量为饱和状态下水蒸气量的 50%左右；洁净度：指空气中含有的粉尘量)。

作用：空调可以实现对建筑热湿环境、空气品质全面进行控制，它包含了采暖和通风的部分功能。

4.1.2.1　空调系统的分类

读书笔记

1. 按室内环境的要求分类

(1)恒温恒湿空调工程：在生产过程中，为保证产品质量，空调房间内的空气温度和相对湿度要求恒定在一定数值范围之内。如机械精密加工车间、计量室等的空调工程通常称作恒温恒湿空调工程。

(2)一般空调工程：在某些公共建筑物内，对房间内空气温度和湿度不要求恒定，随着室外气温的变化室内空气温、湿度允许在一定范围内变化。如体育场、宾馆、办公楼等空间以夏季降温为主的空调称作一般空调(或舒适性空调)工程。

(3)净化空调工程：在某些生产工艺要求房间不仅保持一定的温、湿度，还需有一定的洁净度，如电子工业精密仪器生产加工车间的空调工程称作洁净空调工程。

2. 按空气处理设备集中程度分类

(1)集中式系统：所有的空气处理设备集中设置在一个空调机房内，通过一套送回风系统为多个空调房间提供服务。

(2)分散式系统：空气处理设备、冷热源、风机等集中设置在一个壳体内，形成结构紧凑的空调机组，分别放置在空调房间内承担各自房间的空调负荷而互不影响。

(3)半集中式空调系统：除有集中的空调机房外还有分散设置在每个空调房间的二次空气处理装置(又称末端装置)。集中的空调机房内空气处理设备将来自室外的新鲜空气处理后送入空调房间(新风系统)，分散设置的末端装置处理来自空调房间的空气(回风)，与新风一道或单独送入空调房间。

3. 按处理空气的来源分类

(1)全新风系统：这类系统所处理的空气全部来自室外新鲜空气，经集中处理后送入室内，然后全部排出室外。它主要应用于空调房间内产生有害气体或有害物而不允许利用回风的场合。

(2)混合式系统：这类系统所处理的空气一部分来自室外新风；另一部分来自空调房间的回风。其主要目的是节省能量。

(3)封闭式系统：这类系统所处理的空气全部来自空调房间本身，经济性好，但卫生效果较差，因此，这类系统主要用于无人员停留的密闭空间。

4. 按风管内空气流速分类

(1)低速空调系统：工业建筑主风道风速低于 15 m/s，民用建筑主风道风速低于 10 m/s，按设计规范，一般民用建筑舒适性空调系统低速系统风管内风速不宜大于 8 m/s。

(2)高速空调系统:对于工业建筑主风道风速高于 15 m/s 的,以及对于民用建筑主风道风速高于12 m/s的称为高速系统。这类系统噪声大,应设置相应防治措施。

4.1.2.2　空调系统的组成

空调系统主要由通风管道、制冷管道、通风设备、制冷设备及相关附件组成,空调系统的组成如图 4-3 所示。

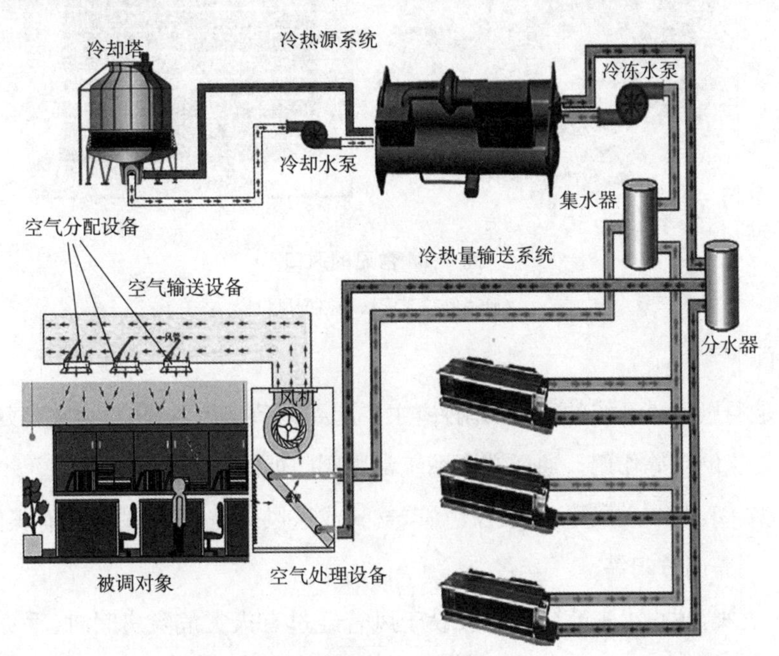

图 4-3　通风空调系统的组成

(1)通风管道及部件:通风管道、管件、部件等;

(2)制冷管道及附件:给水管、回水管、阀门等;

(3)通风设备:通风机,加热、加湿、过滤器等;

(4)制冷设备:压缩机,交换、蒸发、冷凝器等。

1. 风口

风口是通风空调系统生成的新风进入建筑物室内的最后一环,根据送风方式的不用,风口可以分为百叶风口、条缝风口、栅格风口、散流器等形式。风口如图 4-4 所示。

(1)百叶风口:固定百叶常用于卫生间回风口,活动百叶(单层、双层、三层)可调节百叶方向,由边框和叶片组成。

(2)条缝风口:由边框和板条组成。一般用于要求噪声低、气流均匀部位的送风口。

(3)格栅风口:由金属网和边框组成。适用于吊顶上或风管末端,也可安装于地板或侧壁上。

读书笔记

（4）散流器（圆形、方形、槽形）：一般安装于吊顶上，属于下送风口。方形散流器也可用于回风口。

读书笔记

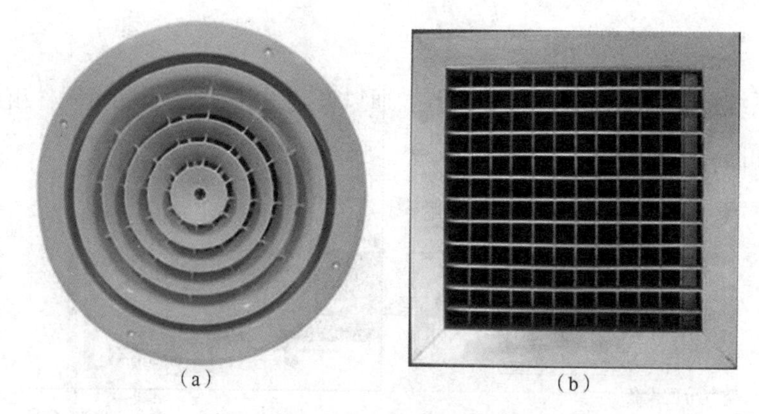

（a）　　　　　　　　　　　　（b）

图 4-4　常见的风口

（a）圆形散流器；（b）格栅风口

2. 阀门

阀门是通风管道系统的重要的附件，主要起到调节送风量、防止火灾蔓延和防止风机停运后气流倒流等作用。通风空调系统常用阀门如图 4-5 所示

（1）调节阀：调节送风量，安装于总管、支管或送风口前，常用的形式有蝶阀、对开多叶调节阀、三通调节阀等。

（2）防火阀：防止火灾蔓延。一般设于风管经过有火灾危险房间时、垂直风管与水平管道分支处的水平管道上、防火墙两侧、施工缝两侧。

（3）止回阀：为防止风机停止运转后气流倒流，常用止回阀，设于风机送风口。

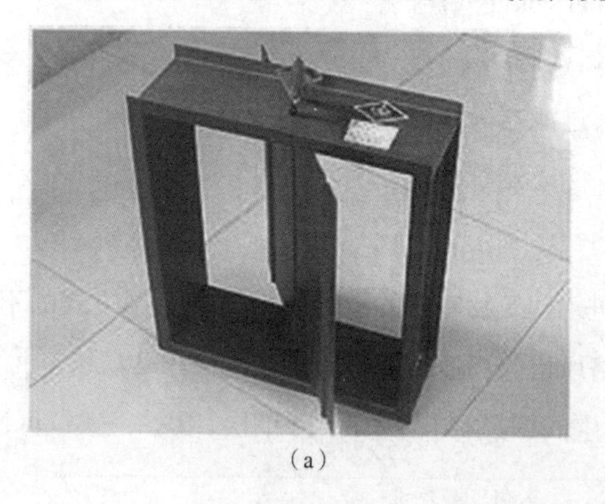

（a）

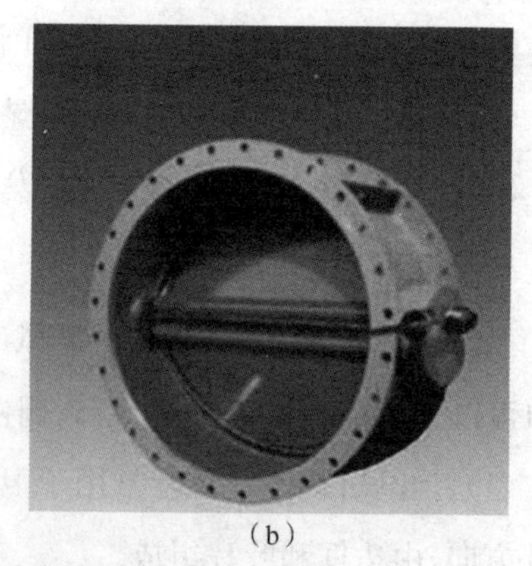

（b）

图 4-5　通风空调系统常用阀门

（a）防火止回阀；（b）止回阀

3. 消声器

空调系统中主要的噪声来源是风机，风机噪声经过自然衰减后仍无法满足建筑室内标准时，为消除或减轻管道中的噪声，需要在管路上安装专用的消声装置。常见的消声器有管式消声器、片式和格式消声器，还有利用风管构件作为消声元件的，比如在送回风管道上设置消声器或消声弯头，形状如图 4-6 所示。

图 4-6　消声弯头

4. 空调器

空调器主要由空气过滤器、冷热交换器、送风机等组成。其主要形式有分体组装式和整体式两种；安装形式有卧式、立式和吊顶式。分体组装式是将空气处理设备按照功能需要现场组装成一体的机组。整体式将空气处理设备集中放置于一个箱体内的机组。

读书笔记

5. 风机

风机是输送空气的动力装置。根据风机的作用原理，常用的风机分为离心式、轴流式和惯流式 3 种类型，其中离心式和轴流式风机的应用最为广泛。风机如图 4-7 所示。

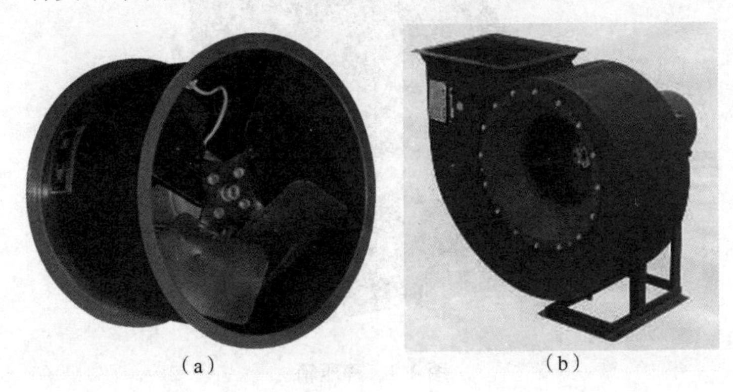

(a)　　(b)

图 4-7　风机

(a)轴流式风机；(b)离心式风机

读书笔记

(1)轴流式风机。轴流式风机的叶轮安装在圆筒形外壳中,当叶轮由电动机带动旋转时,空气从吸风口进入,在风机中沿轴向流动经过叶轮和扩压器时压头增大,从出风口排出。

(2)离心式风机。离心式风机主要由叶轮、机轴、机壳、吸风口及电动机等部分组成,它的压力分为高压、中压和低压三种。其中,中压风机用于除尘排风,低压风机用于空气调节。

(3)柔性短管。柔性短管的主要作用是隔振,常用于风机及空调设备的进、出口处,作为与风管的连接管。由于系统的使用条件不同,柔性短管需承受的压力变化和温度、湿度的变化也不同(图4-8)。柔性短管选用应符合下列规定:

1)应选用防腐、防潮、不透气、不易霉变的柔性材料。用于空调系统的材料应采取防止结露的措施;用于净化空调系统的还应是内壁光滑、不易产生尘埃的材料。

2)柔性短管的长度,一般宜为150～300 mm,其连接处应严密、牢固可靠。

图4-8 柔性软管

(4)静压箱。静压箱是为了便于多根风管汇合连接的一种装置。送风时可以减少动压、增加静压、稳定气流和减少气流振动(图4-9)。

图4-9 静压箱

4.2　通风空调工程的识图

通过4.1节的学习，我们熟悉了通风空调系统的组成和分类，本节将在此基础上，着重分析通风空调工程图的识读方法。

4.2.1　通风与空调工程图的识读基本方法

通风与空调工程施工图一般由两大部分组成，即文字部分和图纸部分。

文字部分包括图纸目录、设计施工说明、设备及主要材料表。

图纸部分包括基本图和详图。基本图包括空调通风系统的平面图、剖面图、轴测图、原理图等。详图包括系统中某局部或部件的放大图、加工图、施工图等。如果详图中采用了标准图或其他工程图纸，那么在图纸目录中必须附有说明。

4.2.1.1　平面图

平面图包括建筑物各层面各空调通风系统的平面图、空调机房平面图、制冷机房平面图等。

读书笔记

1. 空调通风系统平面图

空调通风系统平面图主要说明通风空调系统的设备、系统风道、冷热媒管道、凝结水管道的平面布置。它的主要内容如下：

(1)风管系统；

(2)水管系统；

(3)空气处理设备；

(4)尺寸标注。

另外，对于引用标准图集的图纸，还应注明所用的通用图、标准图索引号。对于恒温恒湿房间，应注明房间各参数的基准值和精度要求。

2. 空调机房平面图

空调机房平面图一般包括以下内容：

(1)空气处理设备。注明按标准图集或产品样本要求所采用的空调器组合段代号，空调箱内风机、加热器、表冷器、加湿器等设备的型号、数量及定位尺寸。

(2)风管系统。用双线表示，包括与空调箱相连接的送风管、回风管、新风管。

(3)水管系统。用单线表示，包括与空调箱相连接的冷、热媒管道及凝结水管道。

读书笔记

(4)尺寸标注包括各管道、设备、部件的尺寸大小、定位尺寸。

其他的还有消声设备、柔性短管、防火阀、调节阀门的位置尺寸。

4.2.1.2 系统图(轴测图)

系统图(轴测图)图采用的是三维坐标,它的作用是从总体上表明所讨论的系统构成情况及各种尺寸、型号和数量等。

具体来说,系统图上包括该系统中设备、配件的型号、尺寸、定位尺寸、数量,以及连接于各设备之间的管道在空间的曲折、交叉、走向和尺寸、定位尺寸等。系统图上还应注明该系统的编号。系统图可以用单线绘制,也可以用双线绘制。

4.2.1.3 详图

空调通风工程图所需要的详图主要包括设备、管道的安装详图,设备、管道的加工详图,设备、部件的结构详图等。部分详图有标准图可供选用。可见,详图是对在其他图纸中无法表达清楚的内容进行详细阐述。

4.2.2 通风与空调工程图的识读实例

4.2.2.1 某多功能厅空调系统的平面图和系统图的识读

从图 4-10 可以看出,空调箱安装在机房内,识读平面图从左下角的空调机房开始,空调箱最下面是带有调节阀的风管,空调箱的新风系统从此管将室外新鲜空气吸入管内。空调箱上接有微穿孔板消声器,回风口装有阻抗复合式消声器。新风和回风在空调箱混合后被空调箱吸入,经冷、热处理后由空调箱顶部出风口送至送风干管。发送风经过防火阀和消声器后,进入管径为 1 250 mm×500 mm 的送风管,在这里分出第一个管径为 800 mm×250 mm 的分支管;第一分支管向下分出相同管径的第二分支管;送风干管继续向前,管径变为 800 mm×500 mm,此处又分出管径为 800 mm×250 mm 的第三分支管;送风干管继续向前,向右转弯形成第四个分支管;每个送风支管上都装有铝合金方形散流器 6 只,共 24 只,空调系统通过散流器将处理好的风送入多功能厅,回风口将多功能厅的风回收到空调房,与新风混合进入空调箱,完成一次循环。

从图 4-11 的 $A-A$ 剖面图可以看出,多功能厅高度 6 m,吊顶高度 3.5 m,风管在吊顶上面,离地面 4.25 m 左右,风管管径阶梯式变小,6 个出风口通过垂直的管直接安装在吊顶上的散流器连接。从 $B-B$ 剖面图可以看出,送风管通过软接头与空调箱连接,送风总管和支管随着空气流动方向,管径越来越小。

多功能厅空调风管系统图如图 4-12 所示,系统图立体地表达了空调箱、管道的空

间走向、标高和设备的布置情况。对照平面图和剖面图分析，系统图中清晰地表达了从新风进入空调箱、经过微穿孔板消声器，新风由送风干管分支出的四根支管对多功能厅进行送风的过程。

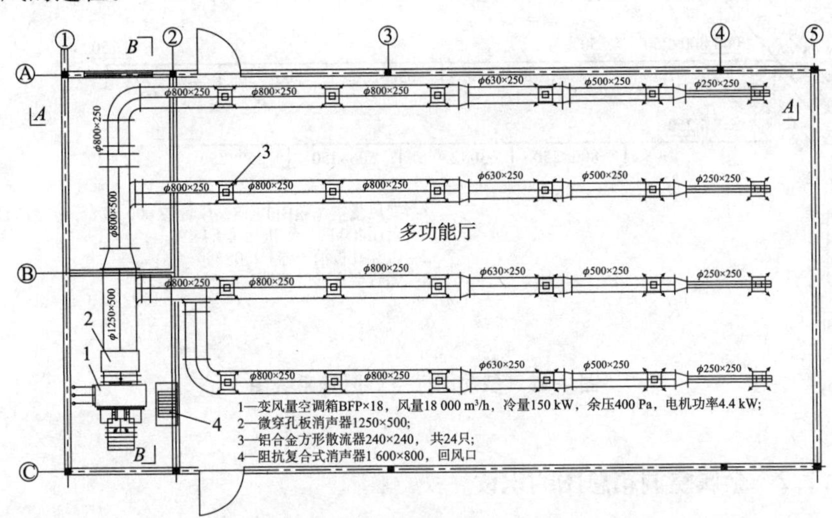

图 4-10　多功能厅空调平面图

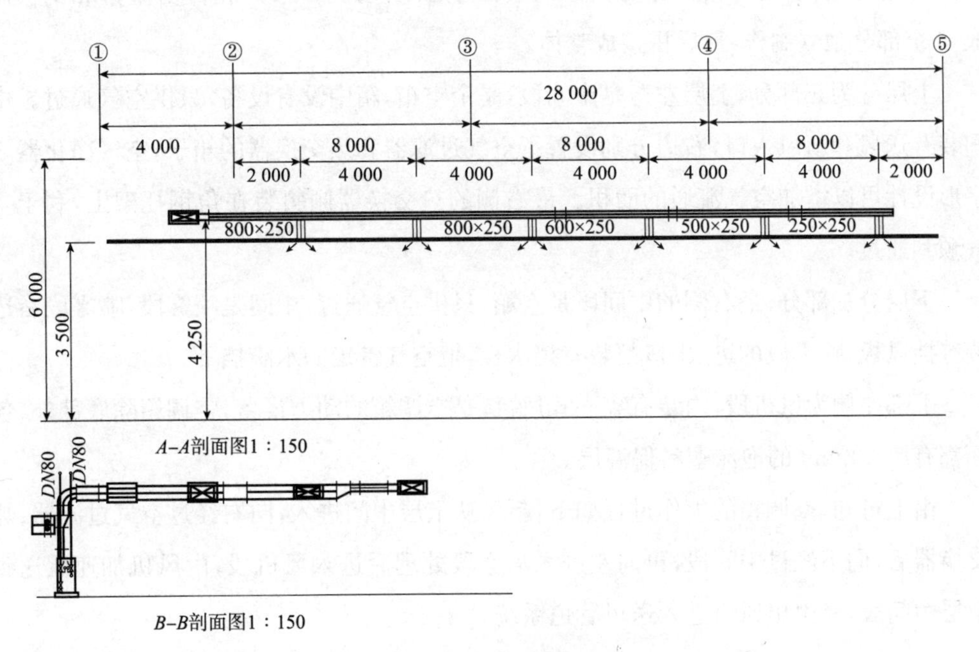

图 4-11　剖面图

读书笔记

读书笔记

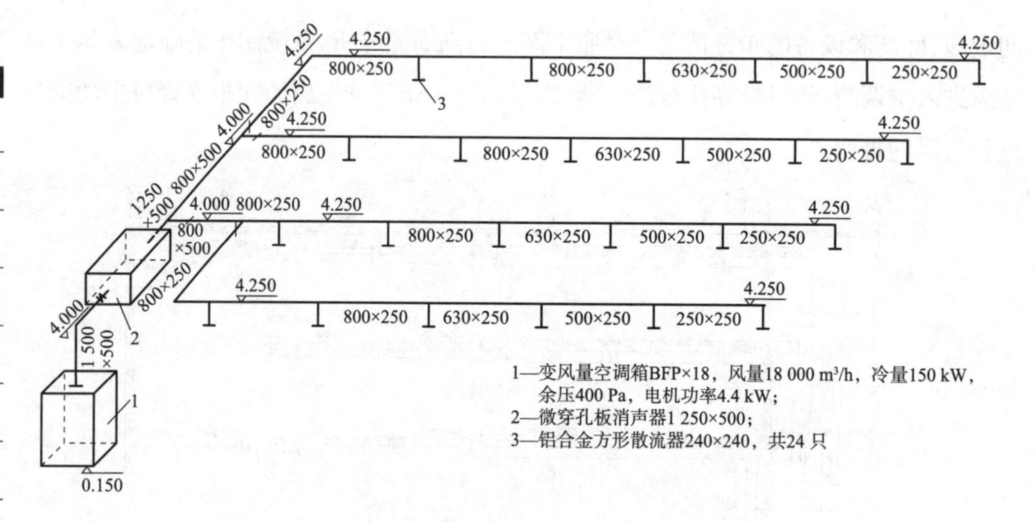

图 4-12　多功能厅空调风管系统图

4. 2. 2. 2　金属空调箱总图的识读

图 4-13 所示为标准化的小型叠式金属空调箱，图中由 $A-A$、$B-B$ 和 $C-C$ 三个剖面图组成，该金属空调箱分为上下两层，每层 3 段，共 6 段。箱体由型钢和钢板制成，6 个部分独立制作，最后拼接成整体。

上层分为三部分，上层左边是中间段，是个空箱，箱中没有设备，只供空气通过。中间装有送风和新风入口，右边分别设置了空气过滤器和热交换器的箱子，空气净化器之字形设计可以增加空气流通的面积。最右侧的热交换器倾斜装在角钢托架上，利于空气顺利通过。

下层分三部分，最右侧的中间段是空箱，只供空气通过，中间是喷雾段，喷雾段右边装有挡风板，喷雾段的进、出口都装有挡水板，把空气带走的水滴挡下。

下部左侧为风机段，内装有离心式风机，是空调箱的动力设备，空调箱除底部外，各面都有厚 30 mm 的泡沫塑料保温层。

由上可知，空调箱的工作过程如下：新风从上层中间进入，向右经过空气过滤器、热交换器后，向下经过中间段，再向左进入喷雾段处理后进入风机段，由风机加速后送到上层中间段，经由出风口进入送风管道系统。

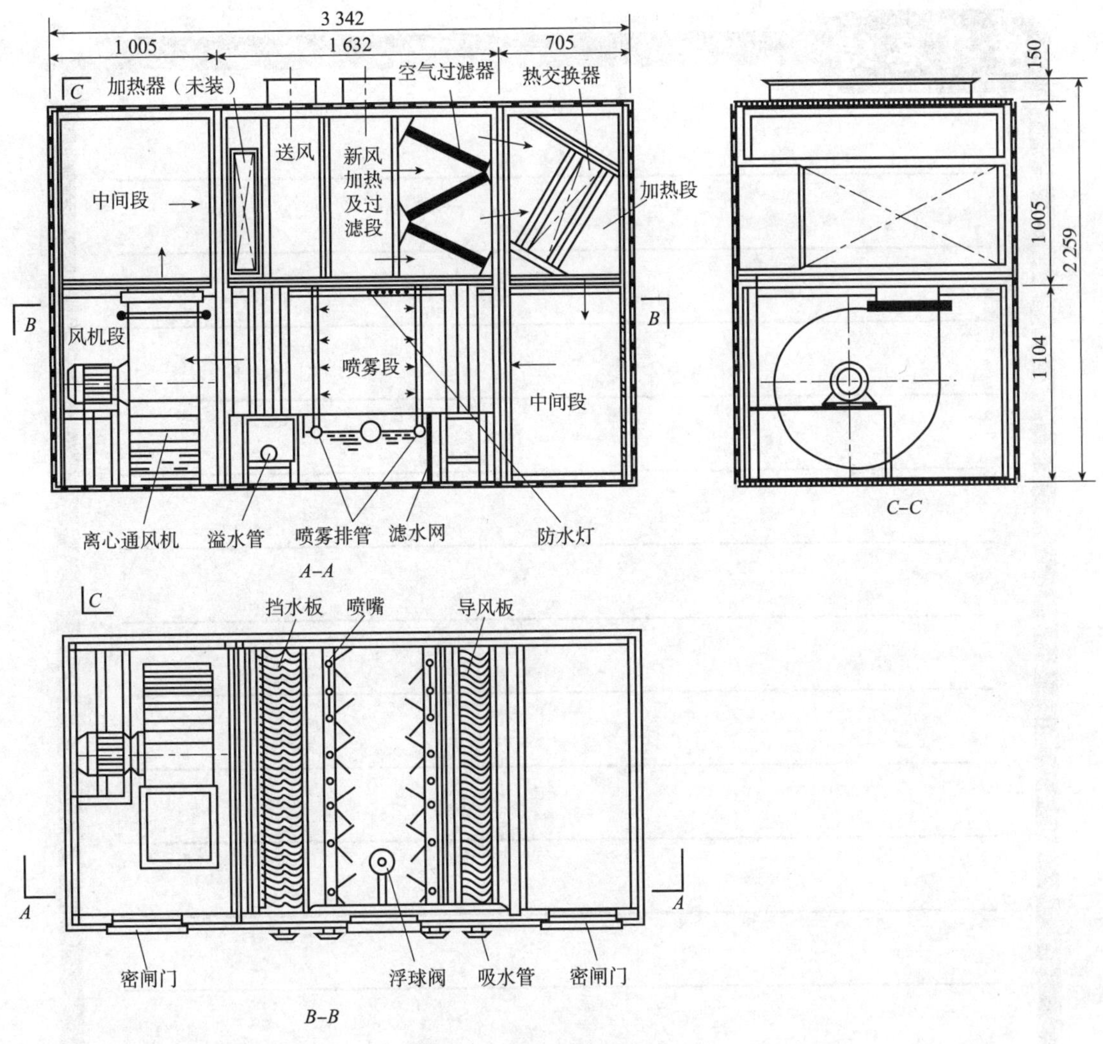

图 4-13　叠式金属空调箱总图

复习思考题

1. 简述通风空调系统的概念和分类。

2. 通风空调工程图包括哪些？

3. 简述通风空调工程图的识读方法和步骤。

4. 简述金属空调箱的工作过程。

学习总结

第5章 建筑变配电系统识图

建筑变配电系统就是解决建筑物所需电能的供应和分配的系统，是电力系统的组成部分。随着现代化建筑的出现，建筑的供电不再是一台变压器供几幢建筑物，而是一幢建筑物往往用一台乃至十几台变压器供电；供电变压器容量也增加了。

另外，在同一幢建筑物中常有一、二、三级负荷同时存在，这就增加了供电系统的复杂性。但供电系统的基本组成基本一样。

通常对大型建筑或建筑小区，电源进线电压多采用 10 kV，电能先经过高压配电所，再由高压配电所将电能分送给各终端变电所。经配电变压器将 10 kV 高压降为一般用电设备所需的电压(220/380 V)，然后由低压配电线路将电能分送给各用电设备使用。也有些小型建筑，因用电量较小，仍可采用低压进线，此时只需设置一个低压配电室，甚至只设置一台配电箱即可。

知识目标

1. 掌握建筑电力系统、低压配电系统的相关概念。
2. 掌握变配电工程图的识读方法。

建筑变配电系统识图

能力目标

1. 能熟记图例符号和文字符号。
2. 能熟练识读变配电一次系统图、变配电二次电路图及接线图。

素质目标

1. 培养严谨的工作作风和细致、耐心的职业素养。
2. 培养团结协作、善于沟通的能力。

5.1 变配电系统概述

所谓电力系统就是由各种电压等级的电力线路将发电厂、区域变电所和电力用户联系起来的一个发电、输电、变电、配电和用电的整体。图 5-1 所示是从发电厂到电力用户的送电过程示意。

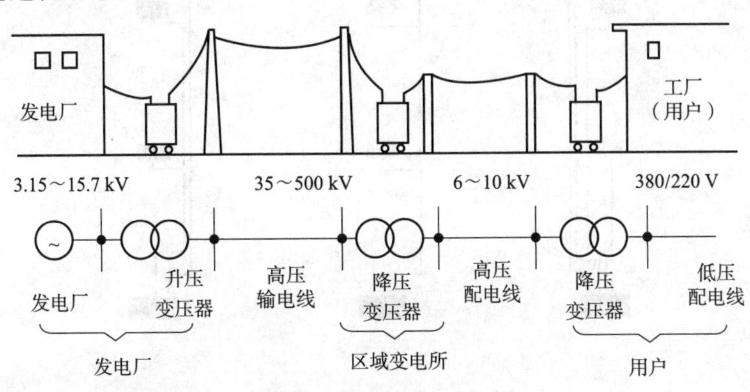

图 5-1 发电送变电过程

5.1.1 电力系统简介

读书笔记

1. 变电所

变电所是接受电能、改变电能电压并分配电能的场所，主要由电力变压器与开关设备组成，是电力系统的重要组成部分，装有升压变压器的变电所称为升压变电所，装有降压变压器的变电所称为降压变电所。接受电能，不改变电压，并进行电能分配的场所称为配电所。

2. 电力线路

电力线路是输送电能的通道。其任务是把发电厂生产的电能输送并分配到用户，把发电厂、变配电所和电力用户联系起来。它由不同电压等级和不同类型的线路构成。

建筑供配电线路的额定电压等级多为 10 kV 线路和 380 V 线路，并有架空线路和电缆线路之分。

3. 低压配电系统

低压配电系统由配电装置（配电盘）及配电线路组成。配电方式有放射式、树干式和混合式，如图 5-2 所示。

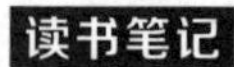

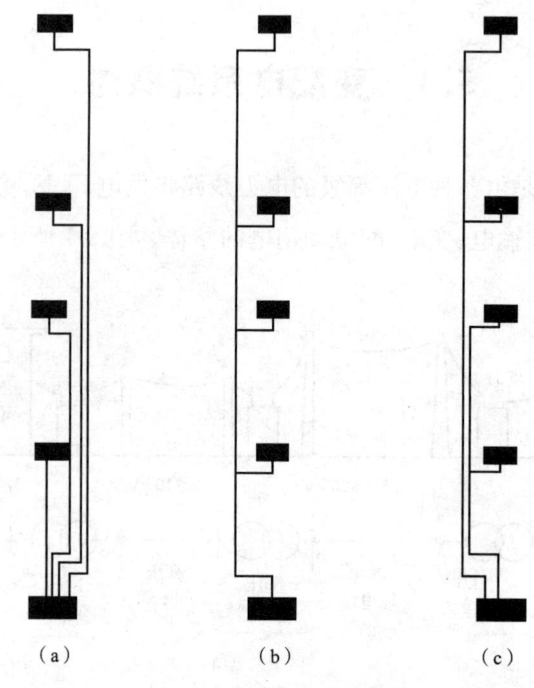

图 5-2　配电方式分类示意

(a)放射式;(b)树干式;(c)混合式

放射式配电的优点是各个负荷独立受电,因而故障范围一般仅限于本回路。线路发生故障需要检修时,也只切断本回路而不影响其他回路;同时,回路中电动机启动引起电压的波动,对其他回路的影响也较小。其缺点是所需开关设备和有色金属消耗量较多。因此,放射式配电一般多用于对供电可靠性要求高的负荷或大容量设备。

树干式配电的特点正好与放射式相反。一般情况下,树干式采用的开关设备较少,有色金属消耗量也较少,但干线发生故障时,影响范围大,因此,供电可靠性较低。树干式配电在加工车间、高层建筑中使用较多,可采用封闭式母线,灵活方便,也比较安全。

在很多情况下往往采用放射式和树干式相结合的配电方式,也称混合式配电。

5.1.2　供电电压等级

在电力系统中,电力设备都规定有一定的工作电压和工作频率。这样既可以安全有效地工作,又便于批量生产及在使用中互换,所以,电力系统中规定有统一额定电压等级和频率。

我国交流电网和电力设备额定电压数据见表 5-1。

表 5-1　我国交流电网和电力设备额定电压数据

分类	电网和用电设备额定电压/kV	发电机额定电压/kV	电力变压器额定电压/kV	
			一次绕组	二次绕组
低压	0.38	0.40	0.38	0.40
	0.66	0.69	0.66	0.69
高压	3	3.15	3 及 3.15	3.15 及 3.3
	6	6.3	6 及 6.3	6.3 及 6.6
	10	10.5	10 及 10.5	10.5 及 11
	—	13.8,15.75,18,20,22,24,26	13.8,15.75,18,20, 22, 24,26	—
	35		35	38.5
	66		66	72.6
	110		110	121
	220		220	242
	330		330	363
	500		500	550

读书笔记

电能在导线传输时会产生电压降，因此，为了保持线路首端与末端的平均电压处于额定值，线路首端电压应较电网额定电压高 5%，变压器二次绕组的额定电压高出受电设备额定电压的百分数归纳起来有两种情况：一种为高出 10%；另一种为高出 5%。这是因为电力变压器二次绕组的额定电压均指空载电压，当变压器满载供电时，其本身绕组的阻抗将引起电压降，从而使变压器满载时，其二次绕组实际端电压比空载时低约 5%，但比用电设备的额定电压高出 5%，利用这高出的 5%电压补偿线路上的电压损失，可使受电设备维持其额定电压。这种电压组合情况，多用于变压器供电距离较远时。另一种情况，变压器二次绕组额定电压比受电设备额定电压高出 5%，只适用变压器靠近用户，供电范围较小，线路较短，其电压损失可忽略不计。所高出的 5%电压，基本上用于补偿变压器满载时其本身绕组的阻抗电压降。习惯上把 1 kV 及以上的电压称为高压，1 kV 以下的电压称为低压。6～10 kV 电压用于送电距离为 10 km 左右的工业与民用建筑供电，380 V 电压用于建筑物内部供电或向工业生产设备供电，220 V 电压多用于向生活设备、小型生产设备及照明设备供电。380 V 和 220 V 电压均采用三相四线制供电方式。

5.1.3　电力负荷分级

电力负荷应根据其重要性和中断供电在政治、经济上所造成的损失或影响的程度分为以下三级：

1. 一级负荷及其供电要求

读书笔记

一级负荷条件：

(1)中断供电将造成人身伤亡者。

(2)中断供电将在政治、经济上造成重大损失者。如重大设备损坏、重要产品报废、用重要原料生产的产品大量报废、国民经济中重点企业的连续生产过程被打乱需要长时间才能恢复等。

(3)中断供电将影响有重大政治、经济意义的用电部门的正常工作者。如重要铁路枢纽、重要通信枢纽、重要宾馆，经常用于国际活动的大量人员集中的公共场所等用电单位中的重要电力负荷。

一级负荷应由两套电源供电，且两套电源应符合下列条件之一：

(1)对于仅允许很短时间中断供电的一级负荷，应能在发生任何一种故障且保护装置(包括断路器，下同)失灵时，仍有一套电源不中断供电。对于允许稍长时间(手动切换时间)中断供电的一级负荷，应能在发生任何一种故障且保护装置动作正常时，有一套电源不中断供电；并且在发生任何一种故障且主保护装置失灵以致两套电源均中断供电后，应能在有人值班的处所完成各种必要的操作，迅速恢复一套电源的供电。

如一级负荷容量不大时，应优先采用从电力系统或临近单位取得低压第二套电源，可采用柴油发电机组或蓄电池组作为备用电源；当一级电源负荷容量较大时，应采用两路高压电源。

(2)对于特等建筑应考虑有一套电源系统检修或故障时，另一套电源系统又发生故障的严重情况，此时应从电力系统取得第三套电源或自备电源：应根据一级负荷允许中断供电的时间，确定备用电源是以手动还是自动的方式投入。

(3)对于采用备用电源自动投入或自动切换仍不能满足供电要求的一级负荷，如银行、气象台、计算中心等建筑中的主要业务用电子计算机和旅游旅馆等管理用电子计算机，应由不停电电源装置供电。

2. 二级负荷及其供电要求

二级负荷条件：

(1)中断供电将在政治、经济上造成较大损失者。如主要设备损坏、大量产品报废、连续生产过程被打乱需较长时间才能恢复、重点企业大量减产等。

(2)中断供电将影响重要用电单位的正常工作者。如铁路枢纽、通信枢纽等用电单

位中的重要电力负荷，以及中断供电将造成大型影剧院、大型商场等大量人员集中的重要公共场所秩序混乱者。

当地区供电条件允许且投资不高时，二级负荷宜由两套电源供电。当地区供电条件困难或负荷较小时，二级负荷可由一条 6～10 kV 或以上的专用线路供电。如采用电缆时，应敷设备用电缆并经常处于运行状态。

3. 三级负荷及其供电要求

三级负荷是不属于一级和二级负荷者。三级负荷对供电系统无特殊要求。民用建筑中常用重要设备及部位的负荷级别见表 5-2。

表 5-2　常用重要设备及部位的负荷级别

建筑类别	建筑物名称	用电设备及部位名称	负荷级别
住宅建筑	高层普通住宅	客梯电力，楼梯照明	二级
宿舍建筑	高层宿舍	客梯电力，主要通道照明	二级
旅馆建筑	一、二级旅游旅馆	经营管理用电子计算机及其外部设备电源，宴会厅电声、新闻摄影、录像电源、宴会厅、餐厅、娱乐厅、高级客房、厨房、主要通道照明，部分客梯电力，厨房部分电力	一级
	高层普通旅馆	客梯电力，主要通道照明	二级
办公建筑	省、市、自治区的高级办公楼	客梯电力，主要办公室、会议室、总值班室、档案室及主要通道照明	二级
	银行	主要业务用电子计算机及其外部设备电源，防盗信号电源	一级
		客梯电力	二级
教学建筑	高等学校教学楼	客梯电力，主要通道照明	二级
	高等学校的重要实验室		一级

读书笔记

续表

建筑类别	建筑物名称	用电设备及部位名称	负荷级别
科研建筑	科研院所的重要实验室		一级
	市(地区)级及以上气象台	主要业务用电子计算机及其外部设备电源,气象雷达、电报及传真收发设备、卫星云图接收机,语言广播电源,天气绘图及预报照明	二级
		客梯电力	二级
	计算中心	主要业务用电子计算机及其外部设备电源	一级
		客梯电力	二级
文娱建筑	大型剧院	舞台、贵宾室、演员化妆室照明,电声、广播及电视转播、新闻摄影电源	一级
博览建筑	省、市、自治区级及以上的博物馆、展览馆	珍贵展品展室的照明,防盗信号电源	一级
		商品展览用电	二级
体育建筑	省、市、自治区级及以上的体育馆、体育场	比赛厅(场)主席台、贵宾室、接待室、广场照明、计时记分、电声、广播及电视转播、新闻摄影电源	一级

5.2 变配电工程图的基本图及主要内容

变配电工程图是建筑电气施工图的重要组成部分,主要包括变配电所设备安装平面图和剖面图、变配电所照明系统图和平面布置图、高压配电系统图、低压配电系统图、变电所主接线图、变电所接地系统平面图等。本部分主要介绍高压配电系统图、低压配电系统图和变电所主接线图。

5.2.1 高压配电系统图

高压配电系统图表示高压配电干线的分配方式。如图 5-3 所示。

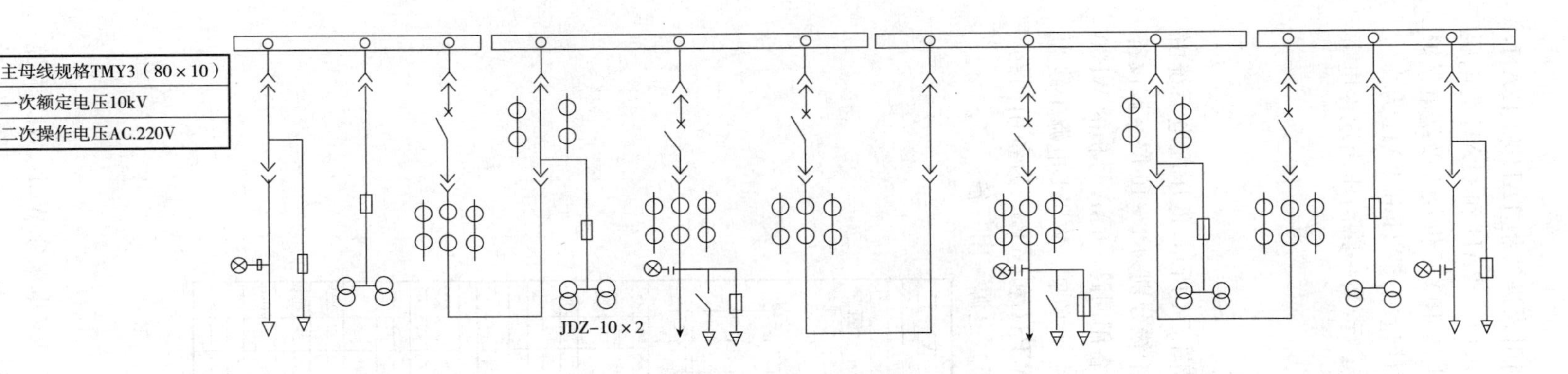

高压开关柜编号	1AH		2AH		3AH		4AH		5AH		6AH		7AH		8AH		9AH		10AH		11AH		12AH	
用途	1′电源引入		PT		主进		计量		引出线		母线联络		母线分段		引出线		计量		主进		TP		2′电源引入	
JYN4-10柜一次方案编号	19改		29		07		27		04		07		20		04		27		07		29		19改	
二次原理图号																								
主要原件名称规格		数量		数量		数量		数量		数量		数量		数量		数量		数量		数量		数量		数量
断路器ZN13-10/1250-31.5						1				1		1				1				1				
操动机构CT8						1				1		1				1				1				
电流互感器IZZBJ10-10					$150/5^{A}$	3	$150/5^{A}$	2	75/5	3	$75/5^{A}$	2			$75/5^{A}$	3	$100/5^{A}$	2	$150/5^{A}$	3				
电压互感器JDJ-10			10/0.1 kV	2			JDZ/10	2									JDZ/10	2			10/0.1 kV	2		
熔断器RN2-10				3				3										3				3		
氧化锌避雷器YCWZ1-12.7/45										3						3								
接地隔离开关JN4-10										1						1								
带电显示器CSN1-10/T2		1								1						1								1
避雷器Z2-10		3																						1
柜宽mm	840		840		840		840		840		840		840		840		840		840		840		840	
受电									SCZ_3-800/10		母联手动				SCZ_3-800/10									

注：IAH、6AH、10AH柜开关应闭锁。

图5-3 高压系统配电系统图

由图 5-3 可知，该变电所两路 10 kV 高压电源分别引入进线柜 1AH 和 12AH，1AH 和 12AH 柜中均有避雷器。主母线为 TMY－3(80×10)。2AH 和 11AH 为电压互感器柜，作用是将 10 kV 高电压经电压互感器变为低电压 100 V 供仪表及继电保护使用。3AH 和 10AH 为主进线柜；4AH 和 9AH 为高压计量柜；5AH 和 8AH 为高压馈线柜；7AH 为母线分段柜。正常情况下两路高压分段运行，当一路高压出现停电事故时则由 6AH 柜联络运行。

读书笔记

5.2.2 低压配电系统图

低压配电系统图表示低压配电干线的分配方式。如图 5-4 所示，低压配电系统由 5AA 号柜和 6AA 号柜组成。5AA 号柜的 WP22～WP27 干线分别为 1～16 层空调设备的电源，电源线为 VV－4×35＋1×16。WP28 及 WP29 为备用回路。6AA 号柜的 WP30 干线采用 VV－3×25＋2×16 电力电缆引至地下人防层生活水泵。WP31 电源干线为 BV－3×25＋2×16－SC50，引至 16 层电梯增压泵。WP32 和 WP33 为备用回路。WP02 为电源引入回路，电源线为 2(VV－3×185＋1×95)，电源一用一备。

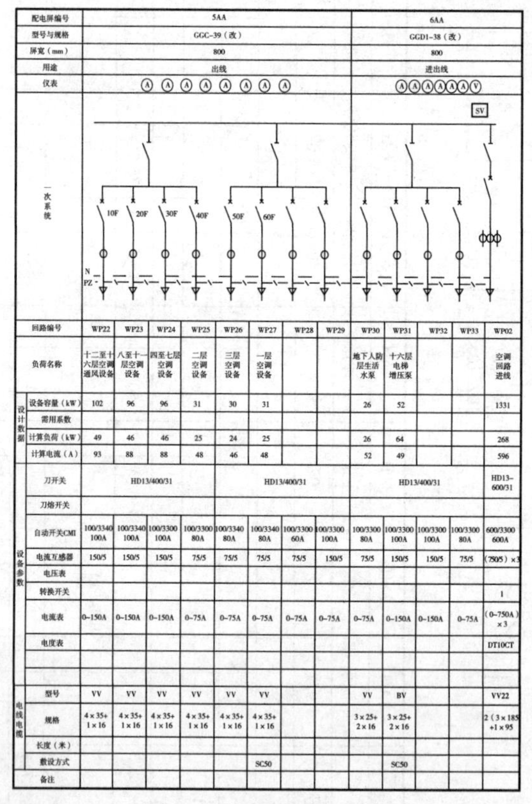

配电屏编号	5AA								6AA				
型号与规格	GGC-39（改）								GGD1-38（改）				
屏宽（mm）	800								800				
用途	出线								进出线				
仪表	Ⓐ Ⓐ Ⓐ Ⓐ Ⓐ Ⓐ Ⓐ Ⓐ								ⒶⒶⒶⒶⒶⓋ				
回路编号	WP22	WP23	WP24	WP25	WP26	WP27	WP28	WP29	WP30	WP31	WP32	WP33	WP02
负荷名称	十二至十六层空调通风设备	八至十一层空调设备	四至七层空调设备	二层空调设备	三层空调设备	一层空调设备			地下人防层生活水泵	十六层电梯增压泵			空调回路进线
设计数据 设备容量（kW）	102	96	96	31	30	31			26	52			1331
需用系数													
计算负荷（kW）	49	46	46	25	24	25			26	64			268
计算电流（A）	93	88	88	48	46	48			52	49			596
设备参数 刀开关	HD13/400/31				HD13/400/31				HD13/400/31				HD13-600/31
刀熔开关													
自动开关CMI	100/3340 100A	100/3340 100A	100/3300 100A	100/3300 80A	100/3340 80A	100/3340 80A	100/3300 60A	100/3300 100A	100/3300 80A	100/3300 100A	100/3300 100A	100/3300 80A	600/3300 600A
电流互感器	150/5	150/5	150/5	75/5	75/5	75/5	75/5	150/5	75/5	150/5	150/5	75/5	（750/5）×3
电压表													
转换开关													1
电流表	0~150A	0~150A	0~150A	0~75A	0~75A	0~75A	0~75A	0~75A	0~75A	0~150A	0~150A	0~75A	（0~750A）×3
电度表													DT10CT
电线电缆 型号	VV	VV	VV	VV	VV	VV			VV	BV			VV22
规格	4×35+1×16	4×35+1×16	4×35+1×16	4×35+1×16	4×35+1×16	4×35+1×16			3×25+2×16	3×25+2×16			2（3×185+1×95
长度（米）													
敷设方式						SC50				SC50			
备注													

图 5-4　低压配电系统图

5.2.3 变电所主接线图

图 5-5 所示为变电所主接线图，图中所示配电所高压 10 kV 电源分 WL1 、WL2 两路引入。高压进线柜为 GG－1A(F)－11 型，高压主母线 LMY－3(40×4)。高压隔离开关

GN6－10/400 做分段联络开关。电压互感器柜为 GG－1A(F)－54 型，6 台高压馈电柜为 GG－1A(F)－03 型，引出 6 路高压干线分别送至高压电容器室；1、2、3 号变电所；高压电动机组。变压器将 10kV 高压变为 400V 低压。低压进线柜 AL201 号(PGL2－05A 型)和 AL207 号(PGL2－04A 型)，并由它们送至低压主母线 LMY－3(100×10)＋1(60×6)，两路低压电源可分段与联络运行。由低压馈线柜 AL202 号(PGL2－40 型)引出 4 路低压照明干线；AL203 号(PGL2－35A 型)、AL205 号(PGL2－35B 型)、AL206 号(PGL2－34A 型)柜分别引出了 4 路低压动力干线；AL204 号(PGL2－14 型)柜引出了 2 路低压动力干线。

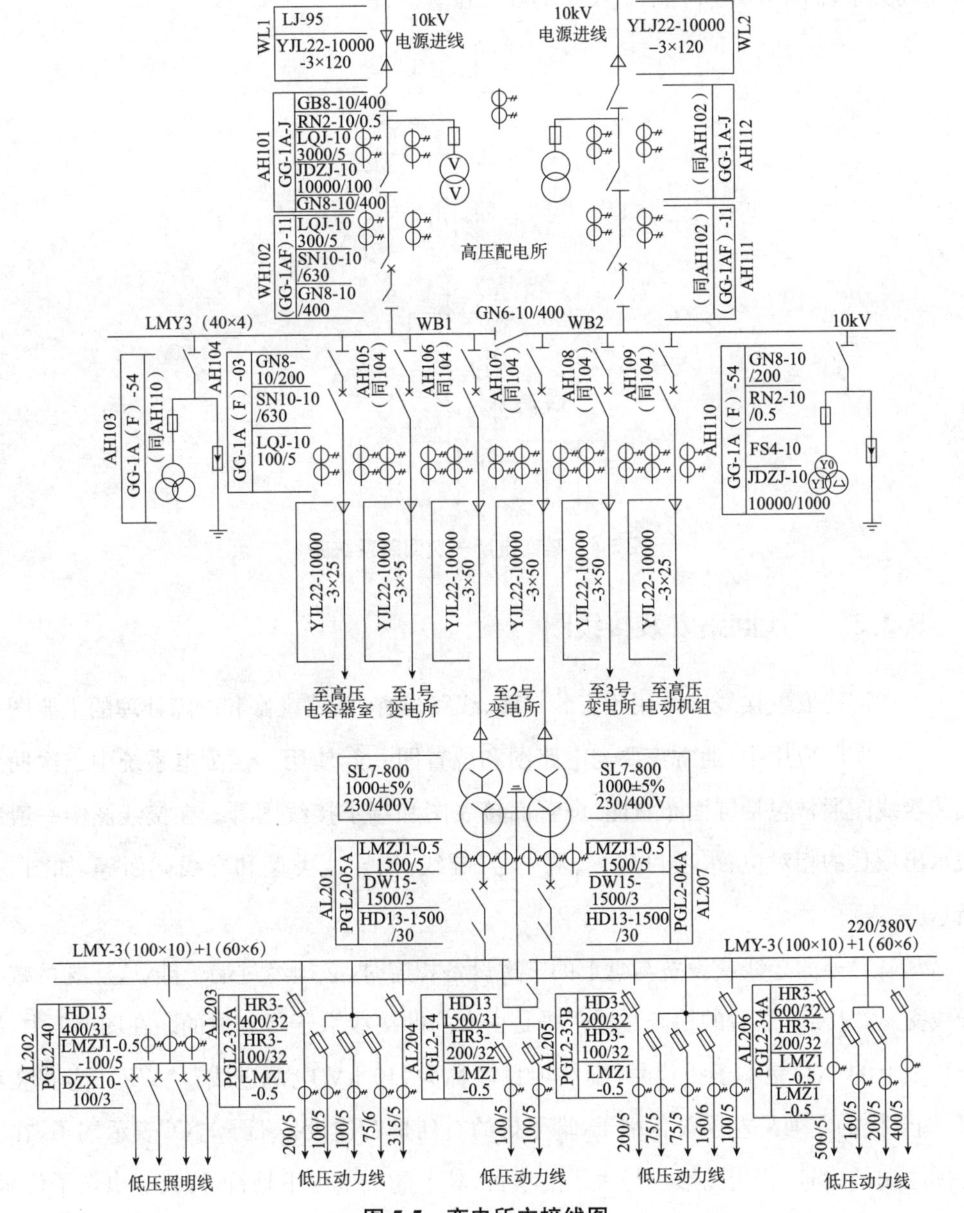

图 5-5　变电所主接线图

读书笔记

5.2.4 变配电一次回路系统图

一次回路是通过强电流的回路，又称为主回路，一般采用单线图的形式表示。图 5-6 所示是以单线图表示的变电所一次回路系统图，由图可知，该变电所的一次回路由高压隔离开关 QS_1、QS_2，高压断路器 QF_1，两组电流互感器 TA_1、TA_2，电压互感器 TV，电力变压器 T，空气断路器 QF_2，熔断器 FU 及避雷器 F 所组成。图中表明了各电气设备的连接关系，而并不反映各电气设备的安装位置。

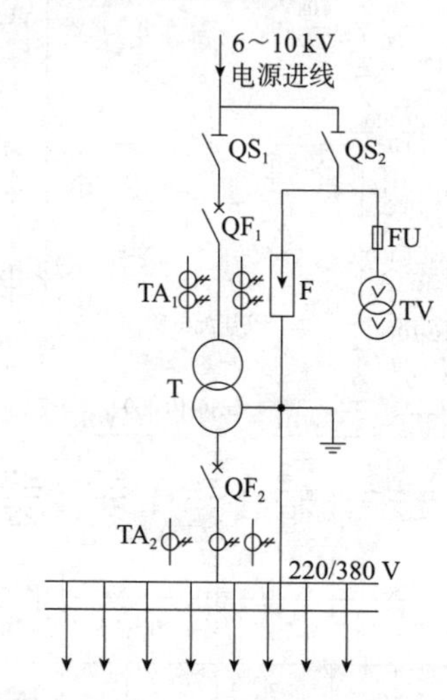

图 5-6 某变电所一次回路系统图

5.2.5 二次回路安装接线图

二次回路安装接线图是用于安装接线、线路检查、线路维修和故障处理的主要图样之一。在实际应用中，通常需要与电路图和位置图一起使用。供配电系统中二次回路安装接线图通常包括屏面布置图、屏背面接线图和端子接线图等。在接线图中一般应表示出项目的相对位置、项目代号、端子号、导线号、导线类型和导线截面等，如图 5-7 所示。

盘(柜)外的导线或设备与盘上的二次设备相连时，必须经过端子排，这样既可减少导线交叉，又便于以后的检修。端子排是由专门的接线端子板制成的。在图 5-7 中，端子排表上的"X1"是端子排代号，安装项目名称为"10 kV 电源进线"，"WL1"为安装项目，端子排的左列是左连设备端子，端子排的右列是右连设备端子；"O"表示端子，在其旁标注端子代号，若用图形符号表示的项目，其上的端子可不画符号，只标出端子代号，"X"是端子排的文字代号，"："是端子的前缀符号。在二次回路安装接线图中，导线的连接很多，若用连接线绘制，则接线图会显得十分繁杂，不易辨认，因此，采用中断线表示(图 5-7 接线图中的 X1：1 标注在 PJ1 的①端子上)会使图面简明清晰，为安装接线和维护检修带来很大方便。

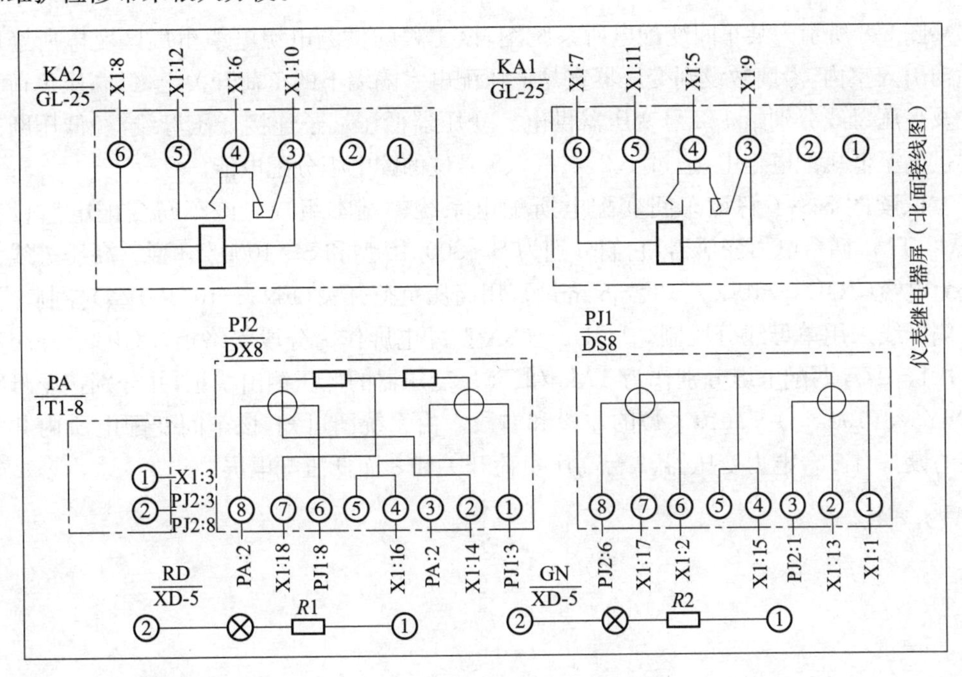

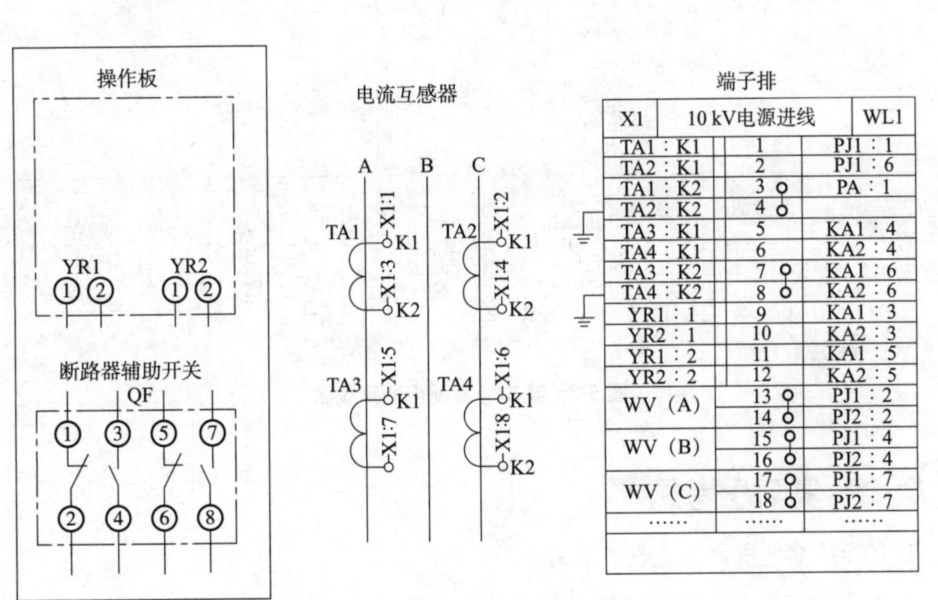

X1	10 kV电源进线	WL1
TA1：K1	1	PJ1：1
TA2：K1	2	PJ1：6
TA1：K2	3	PA：1
TA2：K2	4	
TA3：K1	5	KA1：4
TA4：K1	6	KA2：4
TA3：K2	7	KA1：6
TA4：K2	8	KA2：6
YR1：1	9	KA1：3
YR2：1	10	KA2：3
YR1：2	11	KA1：5
YR2：2	12	KA2：5
WV (A)	13	PJ1：2
	14	PJ2：2
WV (B)	15	PJ1：4
	16	PJ2：4
WV (C)	17	PJ1：7
	18	PJ2：7
……	……	……

图 5-7　二次回路安装接线图

读书笔记

5.3 变配电所工程识图实例

图 5-8 所示为某车间变配电所系统图，该工程的供电电源电缆由厂区变电所经电缆沟引入室内，沿墙敷设到变压器室与低压配电室隔墙上的负荷开关上，经高压负荷开关及高压母线分别给 1、2 号变压器供电。变压器低压端子连接低压母线，经低压断路器供电至低压配电柜上，通过 1、2、4、6、7、8 号位的配电柜分配电能。

识读图 5-8 了解该车间变配电所配电系统的基本组成。该车间变配电所设有 TM_1、TM_2 两台电力变压器，它们分别为 S－800/10 型和 S－1000/10 型。高压进线为电力电缆（ZQL_{20}－10 kV－3×35 mm^2），用高压负荷开关（FN3－10/400 型）控制。低压侧母线采用单母线分段制。PGL1－06A 型配电屏作为分段联络柜，PGL1－05A 和 PGL1－07A 两配电屏分别作为 TM_1 和 TM_2 变压器的低压侧出线柜，并分别接至母线 LMY－3(100×8)＋1(40×4)的左段和右段。由系统图可知，该车间变配电所内共安装的设备有 2 台电力变压器、2 台高压负荷开关和 8 面低压配电屏。

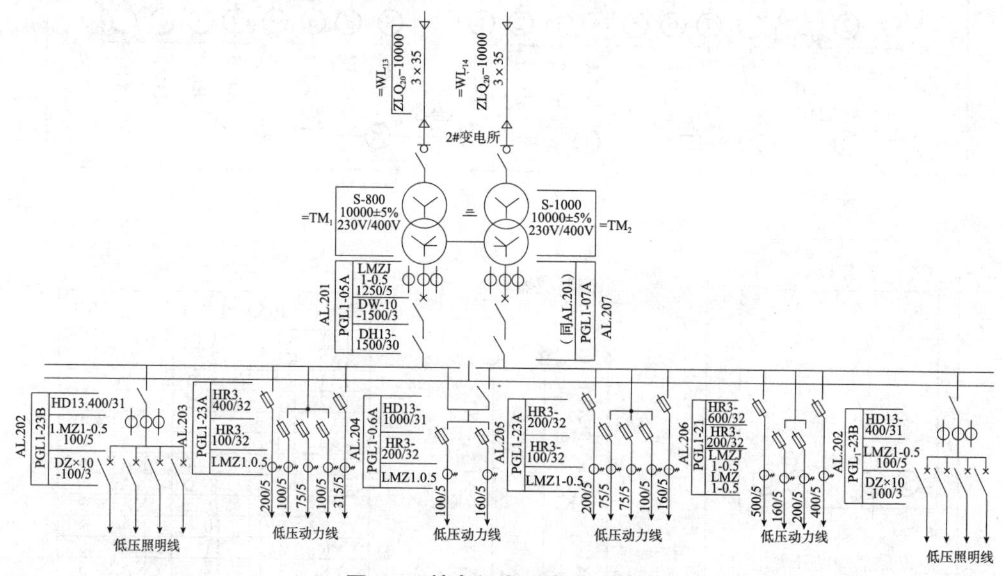

图 5-8 某车间变配电所系统图

复习思考题

1. 10 kV 变电所的一次设备有哪些？

2. 室内高压配电装置的各项最大安全距离是多少？

3. 什么叫作电力负荷等级？其可分为几级？

学习总结

第 6 章 动力及照明系统施工图识读

动力及照明是现代建筑工程中最基本的用电装置。动力工程主要是指以电动机为动力的设备、装置、启动器、控制箱和电气线路等的安装和敷设。照明工程包括灯具、开关、插座等电气设备和配电线路的安装与敷设。

动力及照明系统施工图是建筑电气工程图中最基本和最常用的图纸之一，它是表示建筑物内外的各种动力、照明装置及其他用电设备、以及为这些设备供电的配电线路、开关等设备的平面布置、安装和接线的图纸，是动力及照明工程施工中不可缺少的图纸。

知识目标

1. 掌握动力系统电气工程图识读方法。
2. 掌握电气照明系统图的识读方法。

动力及照明
系统施工图识读

能力目标

1. 能熟记图例符号和文字符号。
2. 能熟练识读动力及照明施工图。

素质目标

1. 融入课程思政，培养严谨的工作作风和细致、耐心的职业素养。
2. 培养具有强烈的事业心，善于与人交流合作。

6.1 照明与动力平面图基础知识

6.1.1 电力设备的标注方法

照明与动力平面图中的电力设备常需要进行文字标注，其标注方式有统一的国家标准，下面将《建筑电气工程设计常用图形和文字符号》(09DX001)标准中的文字符号标注进行摘录，见表 6-1 至表 6-5。

表 6-1 常用电气图例符号

图例	名称	备注	图例	名称	备注
	双绕组 变压器	形式 1 形式 2		电源自动切换箱(屏)	
				隔离开关	
	三绕组 变压器	形式 1 形式 2		接触器(在非动作位置触点断开)	
	电流互感器 脉冲变压器	形式 1 形式 2		断路器	
TV TV	电压互感器	形式 1 形式 2		熔断器一般符号	

续表

图例	名称	备注	图例	名称	备注
	屏、台、箱柜一般符号			熔断器式开关	
	动力或动力—照明配电箱			熔断器式隔离开关	
	照明配电箱(屏)			避雷器	
	事故照明配电箱(屏)		MDF	总配线架	
	室内分线盒		IDF	中间配线架	
	室外分线盒			壁龛交接箱	
	灯的一般符号			分线盒的一般符号	

续表

图例	名称	备注	图例	名称	备注
	球型灯			单极开关(暗装)	
	顶棚灯			双极开关	
	花灯			双极开关(暗装)	
	弯灯			三极开关	
	荧光灯			三极开关(暗装)	
	三管荧光灯			单相插座	
5	五管荧光灯			暗装	

续表

图例	名称	备注	图例	名称	备注
	壁灯			密闭(防水)	
	广照型灯(配照型灯)			防爆	
	防水防尘灯			带保护接点插座	
	开关一般符号			带接地插孔的单相插座(暗装)	
	单极开关			密闭(防水)	
V	指示式电压表			防爆	

续表

图例	名称	备注	图例	名称	备注
cosφ	功率因数表			带接地插孔的三相插座	
Wh	有功电能表(瓦时计)			带接地插孔的三相插座(暗装)	
	电信插座的一般符号可用以下的文字或符号区别不同插座： TP—电话； FX—传真； M—传声器； FM—调频； TV—电视； —扬声器			插座箱(板)	
t	单极限时开关		A	指示式电流表	
	调光器			匹配终端	

续表

图例	名称	备注	图例	名称	备注
	钥匙开关			传声器一般符号	
	电铃			扬声器一般符号	
	天线一般符号			感烟探测器	
	放大器一般符号			感光火灾探测器	
	分配器,两路,一般符号			气体火灾探测器(点式)	
	三路分配器		CT	缆式线型定温探测器	
	四路分配器			感温探测器	

续表

图例	名称	备注	图例	名称	备注
——— —///— —/3— —/n—	电线、电缆、母线、传输通路、一般符号 三根导线 三根导线 n根导线			手动火灾报警按钮	
	接地装置 (1)有接地极 (2)无接地极			水流指示器	
—F—	电话线路			火灾报警控制器	
—V—	视频线路			火灾报警电话机 （对讲电话机）	
—B—	广播线路		EEL	应急疏散指示标志灯	
	消火栓		EL	应急疏散照明灯	

线路敷设方式文字符号见表 6-2。

表 6-2　线路敷设方式文字符号

敷设方式	新符号	旧符号	敷设方式	新符号	旧符号
穿低压流体输送用焊接钢管敷设	SC	G	电缆桥架敷设	CT	
穿电线管敷设	MT	DG	金属线槽敷设	MR	GC
穿硬塑料导管敷设	PC	VG	塑料线槽敷设	PR	XC
穿阻燃半硬塑料导管敷设	FPC	ZYG	直埋敷设	DB	
穿塑料波纹电线管敷设	KPC		电缆沟敷设	TC	
穿可挠金属电线保护套管敷设	CP		混凝土排管敷设	CE	
			钢索敷设	M	

线路敷设部位文字符号见表 6-3。

表 6-3　线路敷设部位文字符号

敷设方式	新符号	旧符号	敷设方式	新符号	旧符号
沿或跨梁(屋架)敷设	AB	LM	暗敷设在墙内	WC	QA
暗敷设在梁内	BC	LA	沿顶棚或顶板面敷设	CE	PM
沿或跨柱敷设	AC	ZM	暗敷设在屋面或顶板内	CC	PA
暗敷设在柱内	CLC	ZA	吊顶内敷设	SCE	
沿墙面敷设	WS	QM	地板或地面下敷设	F	DA

标注线路用途的文字符号见表 6-4。

表 6-4　标注线路用途的文字符号

名称	常用文字符号			名称	常用文字符号		
	单字母	双字母	三字母		单字母	双字母	三字母
低压母线、母线槽	W	WC		电力线路	W	WP	
低压配电线路		WD		信号线路		WS	
应急照明线路			WLE	应急电力线路			WPE
数据总线		WF		光缆、光纤		WH	
照明线路		WL					

线路的文字标注基本格式为:a　b－c(d×e＋f×g)i－jh。

其中　a——线缆编号;

b——型号;

c——线缆根数;

d——线缆线芯数;

读书笔记

读书笔记

e——线芯截面(mm^2)；

f——PE、N线芯数；

g——线芯截面(mm^2)；

i——线路敷设方式；

j——线路敷设部位；

h——线路敷设安装高度(m)。

上述字母无内容时则省略该部分。

例：N_1　BLX－3×4－SC20－WC 表示有 3 根截面为 4 mm^2 的铝芯橡皮绝缘导线，穿直径为 20 mm 的水煤气钢管沿墙暗敷设。

用电设备的文字标注格式为：$\frac{a}{b}$。

其中　a——设备编号；

b——额定功率(kW)。

照明灯具的文字标注格式为：$a-b\frac{c\times d\times L}{e}f$。

其中　a——同一个平面内，同种型号灯具的数量；

b——灯具的型号；

c——每盏照明灯具中光源的数量；

d——每个光源的容量(W)；

e——安装高度，当吸顶或嵌入安装时用“—”表示；

f——安装方式；

L——光源种类(常省略不标)。

灯具安装方式文字符号见表 6-5。

表 6-5　灯具安装方式文字符号

名称	新符号	旧符号	名称	新符号	旧符号
线吊式	SW		顶棚内安装	CR	DR
链吊式	CS	L	墙壁内安装	WR	BR
管吊式	DS	G	支架上安装	S	J
壁装式	W	B	柱上安装	CL	Z
吸顶式	C	D	座装	HM	ZH
嵌入式	R	R			

6.1.2 照明平面图阅读的基础知识

动力和照明平面图是动力及照明工程的主要图纸，是编制工程造价和施工方案、进行安装施工和运行维修的重要依据之一。由于动力和照明平面图涉及的知识面较宽，在阅读动力和照明平面图时，除要了解平面图的特点和平面图绘制基本知识外，还要掌握一定的电工基本知识和施工基本知识。下面介绍阅读动力和照明平面图的一般方法。

(1)阅读动力、照明系统图。了解整个系统的基本组成及各设备之间的相互关系，对整个系统有一个全面了解。

(2)阅读设计说明和图例。设计说明以文字形式描述设计的依据、相关参考资料以及图中无法表示或不易表示但又与施工有关的问题。图例中常表明图中采用的某些非标准图形符号。这些内容对正确阅读平面图是十分重要的。

(3)了解建筑物的基本情况，熟悉电气设备、灯具在建筑物内的分布与安装位置。要了解电气设备、灯具的型号、规格、性能、特点及对安装的技术要求。

(4)了解各支路的负荷分配和连接情况。在明确了电气设备的分布之后，进一步就要明确该设备是属于哪条支路的负荷，掌握它们之间的连接关系，进而确定其线路走向。一般可以从进线开始，经过配线箱后一条支路一条支路地阅读。

读书笔记

动力负荷一般为三相负荷，除保护接线方式有区别外，其主线路连接关系比较清楚。而照明负荷都是单相负荷，由于照明灯具的控制方式多种多样，加上施工配线方式的不同，对相线、零线、保护线的连接各有要求，所以，其连接关系相对复杂。

(5)动力设备及照明灯具的具体安装方法一般不在平面图上直接给出，必须通过阅读安装大样图来解决，可以把阅读平面图和阅读安装大样图结合起来，以全面了解具体的施工方法。

(6)对照同建筑其他专业的设备安装施工图纸综合阅图。为避免建筑电气设备及电气线路与其他建筑设备及管路在安装时发生位置冲突，在阅读动力和照明平面图时要对照其他建筑设备安装工程施工图纸，同时要了解相关设计规范要求。

6.1.3 照明基本线路

(1)一只开关控制一盏灯或多盏灯。这是一种最常用、最简单的照明控制线路，其平面图和原理图如图 6-1 所示。到开关和到灯具的线路都是 2 根线(2 根线不需要标注)，相线(L)经开关控制后到灯具，零线(N)直接到灯具，一只开关控制多盏灯时，几盏灯均应并联接线。

读书笔记

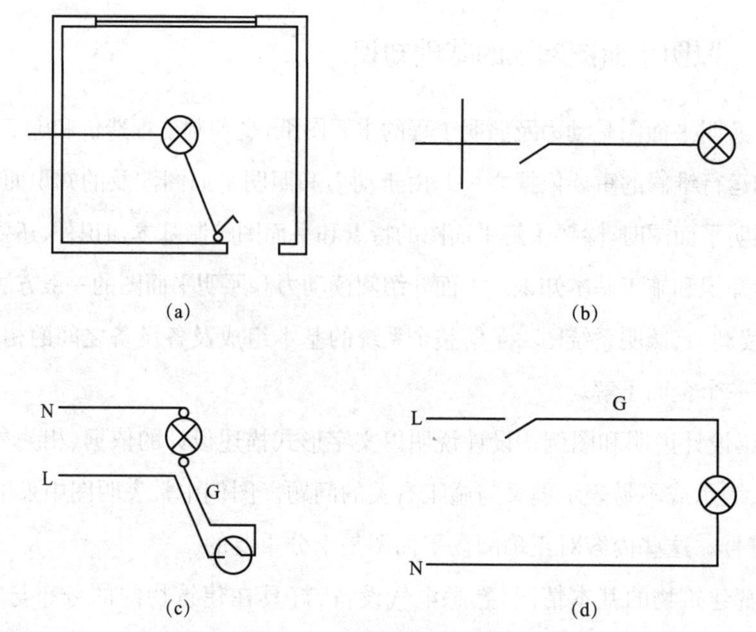

图 6-1　一个开关一盏灯

(a)平面图;(b)系统图;(c)透视接线图;(d)原理图

(2)多个开关控制多盏灯。当一个空间有多盏灯需要多个开关单独控制时,可以适当把控制开关集中安装,相线可以公用接到各个开关,开关控制后分别连接到各个灯具,零线直接到各个灯具,如图 6-2 所示。

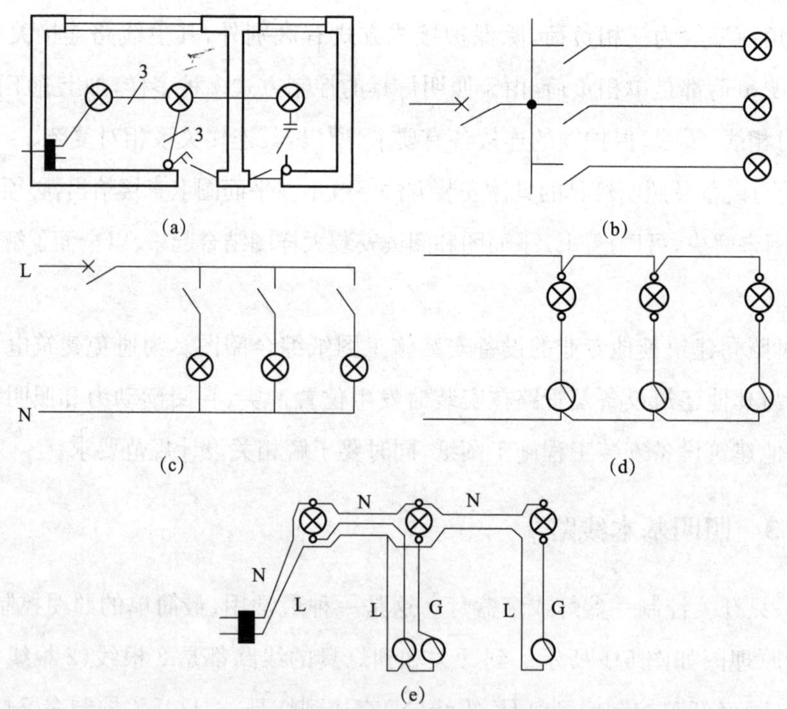

图 6-2　多个开关控制多盏灯

(a)平面图;(b)系统图;(c)原理图;(d)原理接线图;(e)透视接线图

(3)两只开关控制一盏灯。用两只双控开关在两处控制同一盏灯，通常用于楼上、楼下分别控制楼梯灯，或走廊两端分别控制走廊灯。其原理图和平面图如图 6-3 所示。在图示开关位置时，灯处于关闭状态，无论扳动哪个开关，灯都会亮。

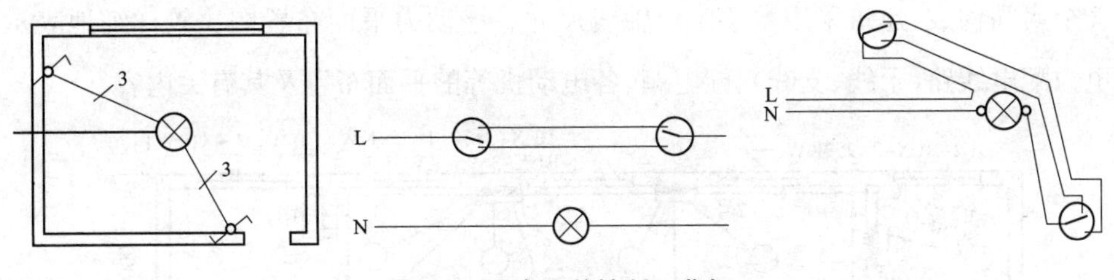

图 6-3　两个开关控制一盏灯

(4)动力配电基本原则。动力配电主要表明电动机型号、规格和安装位置；配电线路的敷设方式、路径、导线型号和根数、穿管类型及管径；动力配电箱型号、规格、安装位置与标高等。动力配电设计时要注意尽量将动力配电箱放置在负荷中心，具体安装位置应该便于操作和维护。

6.2　动力配电工程图

读书笔记

6.2.1　动力配电工程图的特点

动力配电工程图是表示电动机拖动各类机械设备运转的动力设备、配电柜及配电箱、开关控制电器的安装位置、供电线路敷设，以及它们之间相互关系和连接方式的图。它包括动力系统图、动力平面图、动力干线配置图、配电线路明细表等。

动力配电平面图是动力配电工程图的重要组成部分，是安装工程施工和安装工程计价最主要的依据之一。它表示动力设备、配电箱、配电线路规格型号、安装位置、标高、方法及导线敷设方式、导线的根数、导线的规格、穿线管的类型和材质，配电箱的类型及接线配置情况。

动力配电工程图用文字符号标注和图形符号绘制，在识读中须把握以下特点：

(1)直观表示动力设备的规格、型号、安装位置和标高，供电电源敷设方式，配电箱安装位置、类型及电气的主接线。

(2)动力平面图要与电力系统图配合使用。

(3)动力配电工程相比照明配电工程，其工程量大，复杂程度高。

(4)动力配电平面布置图相比照明平面布置图在形式上简单，容易识读。

读书笔记

6.2.2 动力配电工程图识读

图 6-4 是某车间动力平面布置图，它是在建筑平面图上绘制出来的。该车间主要由 3 个房间构成，建筑采用数字定位轴线尺寸。该动力平面布置图比较详细地表示了各电力配电线路（干线、支线）、配电箱、各电动机等的平面布置及其有关内容。

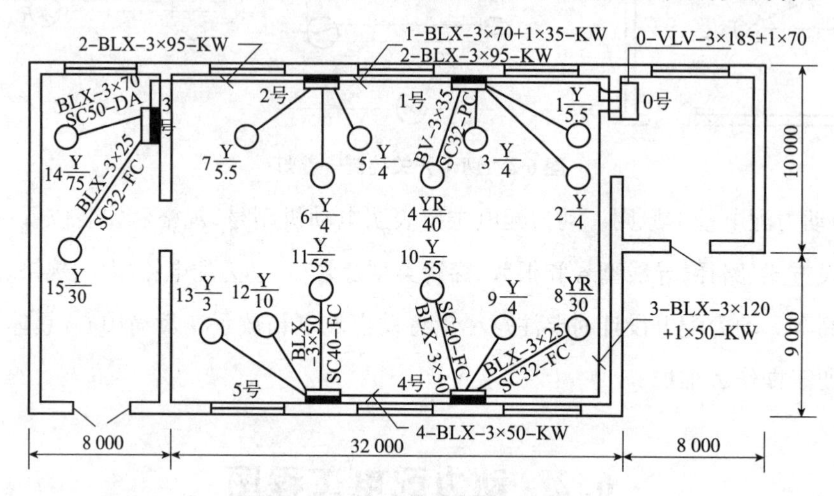

图 6-4 某车间动力平面布置图

1. 设备布置

图 6-4 中所描述的电力设备主要是电动机。各种电动机按序编号为 1～15，共 15 台电动机。图中分别表示了各电动机的位置、型号与规格等。由于该图是按比例绘制的，因此，电动机的位置可用比例尺在图上直接量取。必要时还应参阅有关建筑基础平面图与工艺图等来确定。电动机的型号与规格等依图上标注为准，如 3Y/4，其中 3 表示电动机编号，Y 表示异步电动机型号，4 表示电动机的容量为 4 kW。

2. 电力配电箱

该车间共布置了 6 个电力配电柜、箱，其中：0 号配电柜为总配电柜，布置在右侧配电间内，电缆进线，3 回路出线分别至 1 号、2 号、3 号、4 号、5 号电力配电箱；1 号配电箱布置在主车间，4 回路出线；2 号配电箱布置在主车间，3 回路出线；3 号配电箱布置在辅助车间，2 回路出线；4 号配电箱布置在主车间，3 回路出线；5 号配电箱布置在主车间，3 回路出线。

3. 配电干线

图 6-5 为某车间电力干线配置图。配电干线主要是指外电源至总电力配电柜（0 号），总配电柜至各分电力配电箱（1 号、2 号、3 号、4 号、5 号）的配电线路。图中比较

详细地描述了这些配电线路的布置，如线缆的布置、走向、型号、规格、长度(由建筑物尺寸数字确定)与敷设方式等。例如，由 0 号总电力配电柜至 4 号电力配电箱的线缆，图中标注为 BLX－3×120＋1×50－KW，BLX 表示导线型号，3×120＋1×50 表示 3 根 120 mm^2 截面面积的导线和 1 根 50 mm^2 截面面积的导线，KW 表示线路采用沿墙、瓷绝缘子敷设的形式，长度为 40 m。表 6-6 所示为电力干线配置表。

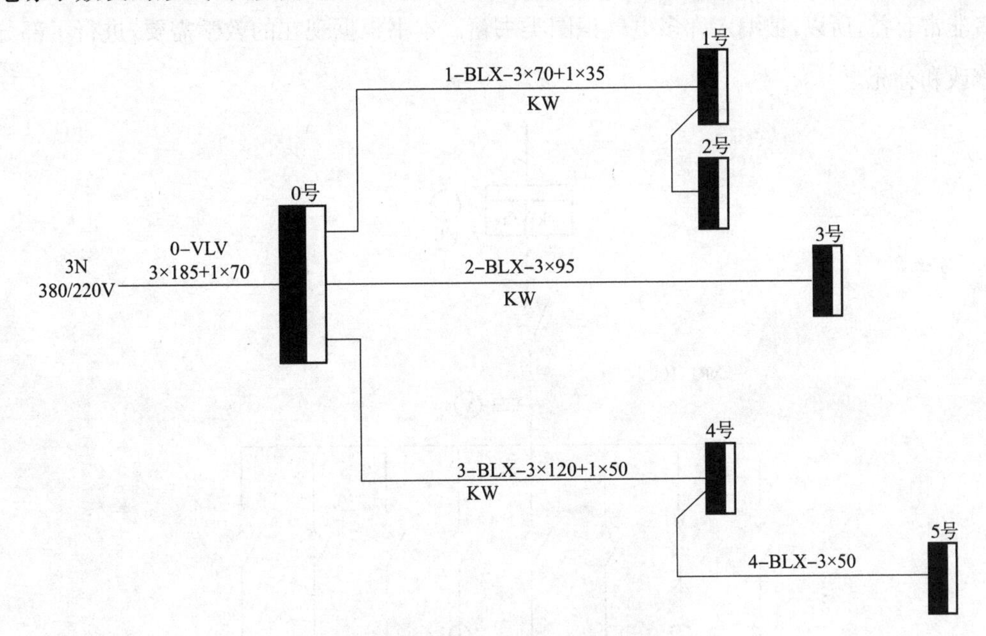

图 6-5 某车间电力干线配置图

表 6-6 某车间电力干线配置

线缆编号	线缆型号及规格	连接点		长度/m	敷设方式
		I	II		
0	VLV－3×185＋1×70	42 号杆	0 号配电柜	150	电缆沟
1	BLX－3×70＋1×35	0 号配电柜	1、2 号配电箱	18	KW
2	BLX－3×95	0 号配电柜	3 号配电箱	25	KW
3	BLX－3×120＋1×50	0 号配电柜	4 号配电箱	40	KW
4	BLX－3×50	4 号配电箱	5 号配电箱	50	KW

4. 配电支线

由各电力配电箱至各电动机的连接线，称为配电支线。图 6-4 中详细描述了这 15 条配电支线的位置，导线型号、规格、敷设方式与穿线管规格等。

读书笔记

读书笔记

6.3 办公科研楼照明工程图

某办公科研楼是一栋两层平顶楼房，图 6-6～图 6-8 所示分别为该楼的配电概略（系统）图及平面布置图。该楼的电气照明工程的规模不大但变化比较多，其分析方法对初学者非常有益，所以，被编入许多电气识图类书籍。本书根据现在的教学需要，进行了部分修改和补充。

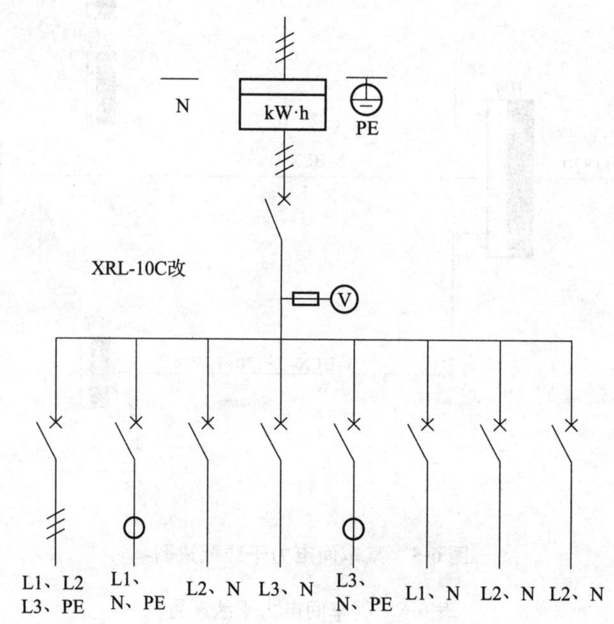

回路编号	W1	W2	W3	W4	W5	W6	W7	W8
导线数量与规格/mm^2	4×4	3×2.5	2×2.5	2×2.5	3×4	2×2.5	2×2.5	2×2.5
配线方向	一层三相插座	一层③轴西部	一层③轴东部	走廊照明	二层单相插座	二层④轴西部	二层④轴东部	备用

图 6-6 某办公科研楼照明配电概略（系统）图

1. 施工说明

(1)电源为三相四线 380/220 V，接户线为 BLV－500 V－4×16 mm^2，自室外架空线路引入，进户时在室外埋设接地极进行重复接地。

(2)化学实验室、危险品仓库按爆炸性气体环境分区为 2 号，并按防爆要求进行施工。

(3)配线:三相插座电源导线采用 BV－500 V－4×4 mm^2,穿直径为 20 mm 的焊接钢管埋地敷设;③轴西侧照明为焊接钢管暗敷;其余房间均为 PVC 硬质塑料管暗敷。导线采用 BV－500 V－2.5 mm^2。

(4)灯具代号说明:G－隔爆灯;J－半圆球吸顶灯;H－花灯;F－防水防尘灯;B－壁灯;Y－荧光灯。(注:灯具代号是按原来的习惯用汉语拼音的第一个字母标注,属于旧代号。)

2. 进户线

根据阅读建筑电气平面图的一般规律,按电源入户方向依次阅读,即进户线－配电箱－干线回路—分支干线回路—分支线及用电设备。

从一层照明平面图可知,该工程进户点处于③轴线,进户线采用 4 根 16 mm^2 铝芯聚氯乙烯绝缘导线,穿钢管自室外低压架空线路引至室内配电箱,在室外埋设垂直接地体 3 根进行重复接地,从配电箱开始接出 PE 线,成为三相五线制和单相三线制。

3. 照明设备布置情况

由于楼内各房间的用途不同,所以,各房间布置的灯具类型和数量都不一样。

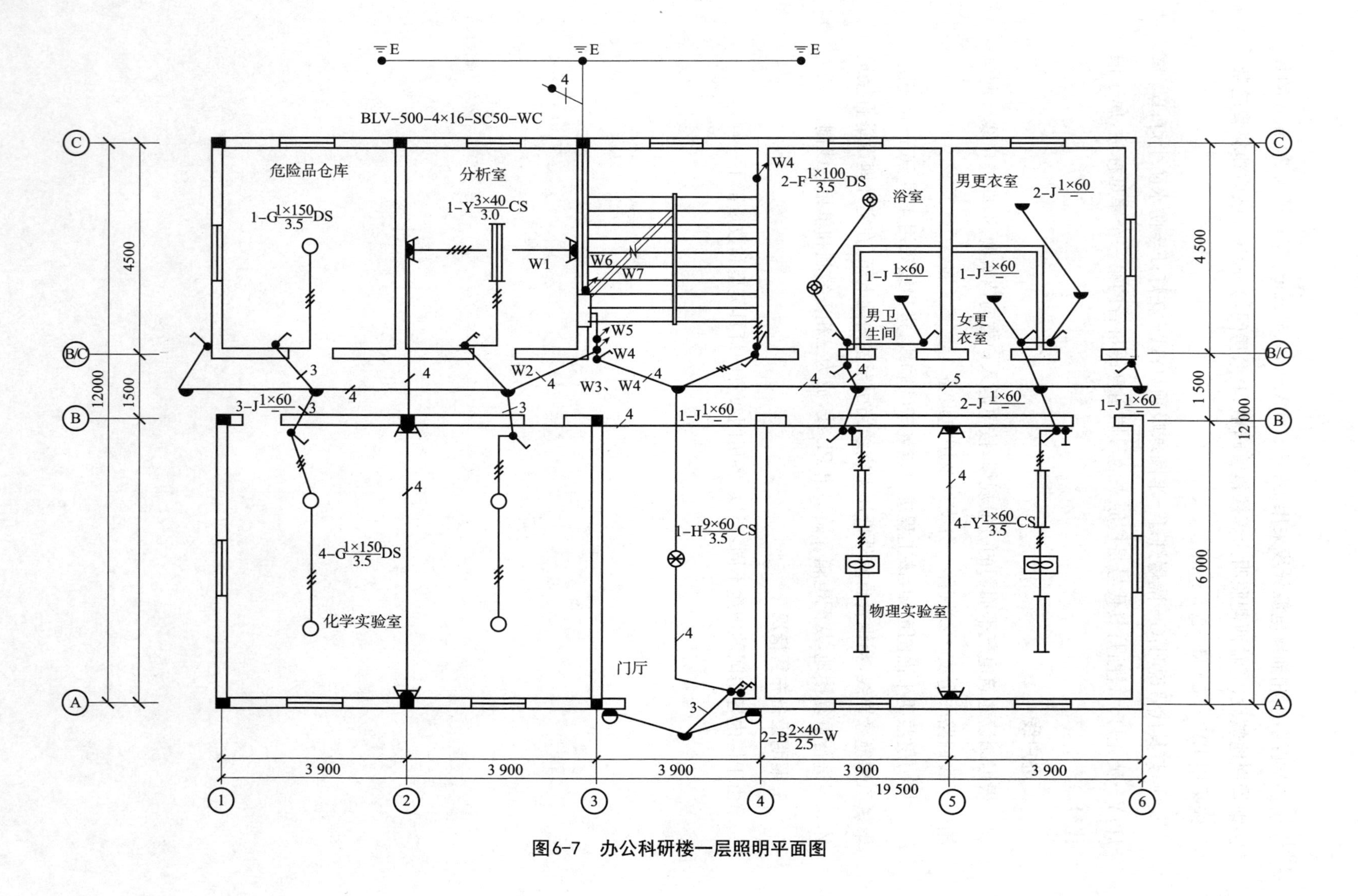

图6-7　办公科研楼一层照明平面图

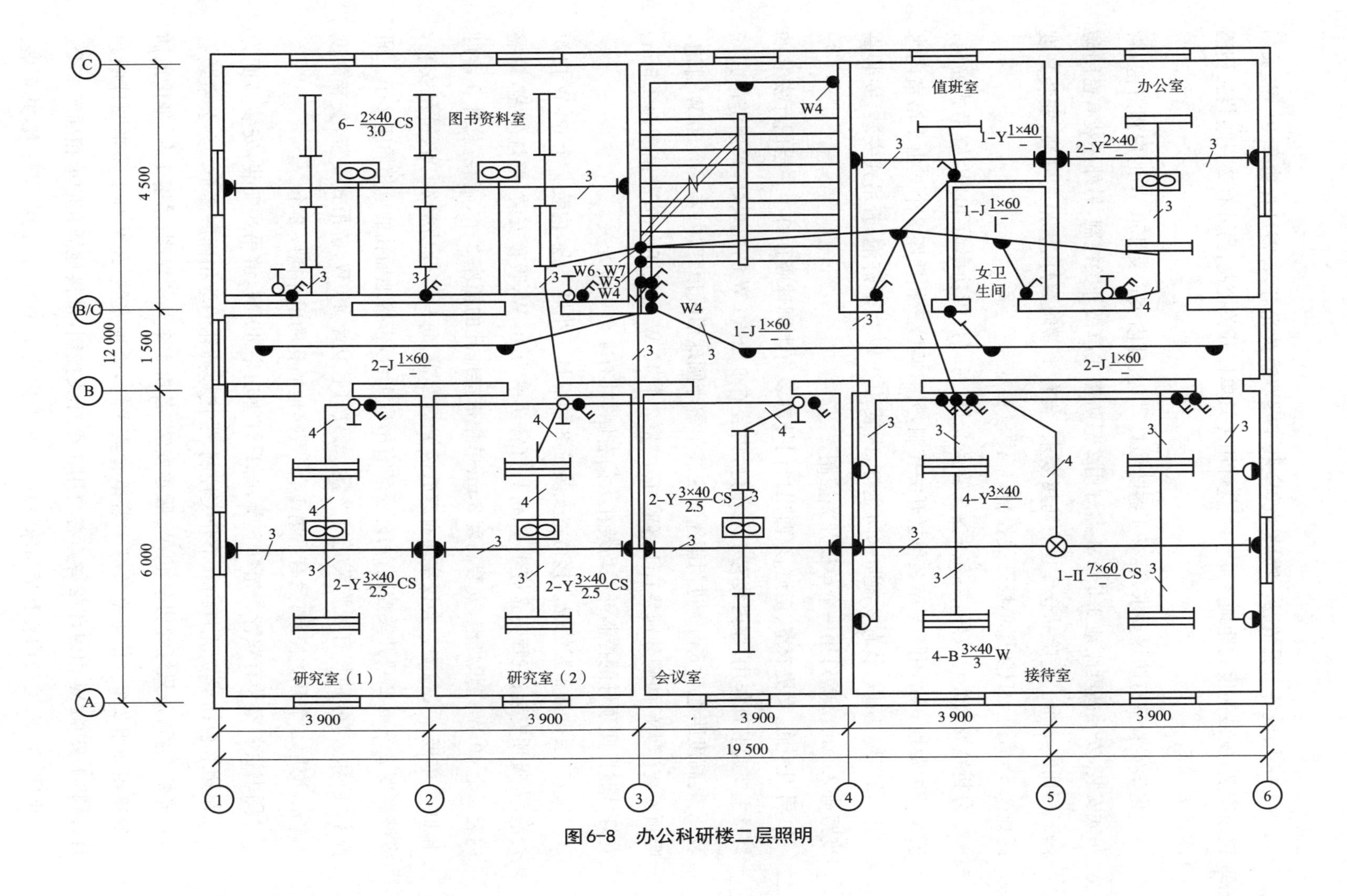

图6-8　办公科研楼二层照明

读书笔记

(1)一层设备布置情况。物理实验室装4盏双管荧光灯,每盏灯管功率40 W,采用链吊安装,安装高度为距地3.5 m,4盏灯用2只单极开关控制;另外有2只暗装三相插座,2台吊扇。

化学实验室有防爆要求,装有4盏防爆灯,每盏灯内装一支150 W的白炽灯泡,管吊式安装,安装高度距地3.5 m,4盏灯用2只防爆式单极开关控制,另外还装有密闭防爆三相插座2个。危险品仓库也有防爆要求,装有1盏防爆灯,管吊式安装,安装高度距地3.5 m,由1只防爆单极开关控制。

分析室要求光色较好,装有一盏三管荧光灯,每只灯管功率为40 W,链吊式安装,安装高度距地3 m,用2只暗装单极开关控制,另有暗装三相插座2个。由于浴室内水气多,较潮湿,所以,装有2盏防水防尘灯,内装100 W白炽灯泡,管吊式安装,安装高度距地3.5 m,2盏灯用一个单极开关控制。

男卫生间、女更衣室、走道、东西出口门外都装有半圆球吸顶灯。一层门厅安装的灯具主要起装饰作用,厅内装有1盏花灯,内装有9个60 W的白炽灯,采用链吊式安装,安装高度距地3.5 m。进门雨篷下安装1盏半圆球形吸顶灯,内装一个60 W灯泡,吸顶安装。大门两侧分别装有1盏壁灯,内装2个40 W白炽灯泡,安装高度为2.5 m。花灯、壁灯、吸顶灯的控制开关均装在大门右侧,共有4个单极开关。

(2)二层设备布置情况。接待室安装了3种灯具。花灯1盏,内装7个60 W白炽灯泡,为吸顶安装;三管荧光灯4盏,每只灯管功率为40 W,吸顶安装;壁灯4盏,每盏内装3个40 W白炽灯泡,安装高度3 m;单相带接地孔的插座2个,暗装;总计9盏灯由11个单极开关控制。会议室装有双管荧光灯2盏,每只灯管功率40 W,链吊安装,安装高度2.5 m,2只开关控制;另外还装有吊扇1台,带接地插孔的单相插座2个。研究室(1)和(2)分别装有3管荧光灯2盏,每只灯管功率40 W,链吊式安装,安装高度2.5 m,均用2个开关控制;另有吊扇1台,带接地插孔的单相插座2个。

图书资料室装有双管荧光灯6盏,每只灯管功率40 W,链吊式安装,安装高度为3 m;吊扇2台;6盏荧光灯由6个开关控制,带接地插孔的单相插座2个。办公室装有双荧光灯2盏,每只灯管功率40 W,吸顶安装,各由1个开关控制;吊扇1台,带接地插孔的单相插座2个。值班室装有1盏单管荧光灯,吸顶安装;还装有1盏半圆球吸顶灯,内装1只60 W白炽灯;2盏灯各自用1个开关控制,带接地插孔的单相插座2个。女卫生间、走道、楼梯均装有半圆球吸顶灯,每盏内装1个60 W的白炽灯泡,共7盏。楼梯灯采用2只双控开关分别在二楼和一楼控制。

4. 各配电回路负荷分配

根据图 6-6 配电概略(系统)图可知,该照明配电箱设有三相进线总开关和三相电能表,共有 8 条回路,其中 W1 为三相回路,向一层三相插座供电;W2 向一层③轴线西部的室内照明灯具及走廊供电;W3 向③轴线以东部分的照明灯具供电;W4 向一层部分走廊灯和二层走廊灯供电;W5 向二层单相插座供电;W6 向二层④轴线西部的会议室、研究室、图书资料室内的灯具、吊扇供电;W7 为二层④轴线东部的接待室、办公室、值班室及女卫生间的照明、吊扇供电;W8 为备用回路。考虑到三相负荷应尽量均匀分配的原则,W2～W8 支路应分别接在 L1、L2、L3 三相上。因 W2、W3、W4 和 W5、W6、W7 各为同一层楼的照明线路,应尽量不要接在同一相上,因此,可将 W2、W6 接在 L1 相上;将 W3、W7 接在 L2 相上;将 W4、W5 接在 L3 相上。

5. 各配电回路连接情况

各条线路导线的根数及其走向是电气照明平面图的主要表现内容之一。然而,要真正认识每根导线及导线根数的变化原因,是初学者的难点之一。为解决这一问题,在识别线路连接情况时,应首先了解采用的接线方法是在开关盒、灯头盒内接线,还是在线路上直接接线;其次是了解各照明灯具的控制方式,应特别注意分清哪些是采用 2 个甚至 3 个开关控制一盏灯的接线,然后一条线路一条线路地查看,这样就不难计算出导线的数量了。下面根据照明电路的工作原理,对各回路的接线情况进行分析。

读书笔记

(1)W1 回路。W1 回路为一条三相回路,外加一根 PE 线,共 4 条线,引向一层的各个三相插座。导线在插座盒内进行共头连接。

(2)W2 回路。W2 回路的走向及连接情况:W2、W3、W4 各一根相线和一根零线,加上 W2 回路的一根 PE 线(接防爆灯外壳)共 7 根线,由配电箱沿③轴线引出到Ⓑ/Ⓒ轴线交叉处开关盒上方的接线盒内。其中,W2 在③轴线和Ⓑ/Ⓒ轴线交叉处的开关盒上方的接线盒处与 W3、W4 分开,转而引向一层西部的走廊和房间,其连接情况如图 6-9 所示。

W2 相线在③与Ⓑ/Ⓒ轴线交叉处接入一只暗装单极开关,控制西部走廊内的两盏半圆球吸顶灯,同时往西引至西部走廊第一盏半圆球形吸顶灯的灯头盒内,并在灯头盒内分成 3 路。第一路引至分析室门侧面的二联开关盒内,与两只开关相接,用这 2 只开关控制三管荧光灯的 3 只灯管,即一只开关控制一只灯管,另一只开关控制两只灯管,以实现开 1 只、2 只、3 只灯管的任意选择。第二路引向化学实验室右边防爆开关的开关盒内,这只开关控制化学实验室右边的 2 盏防爆灯。第三路向西引至走廊内第二盏半圆球吸顶灯的

读书笔记

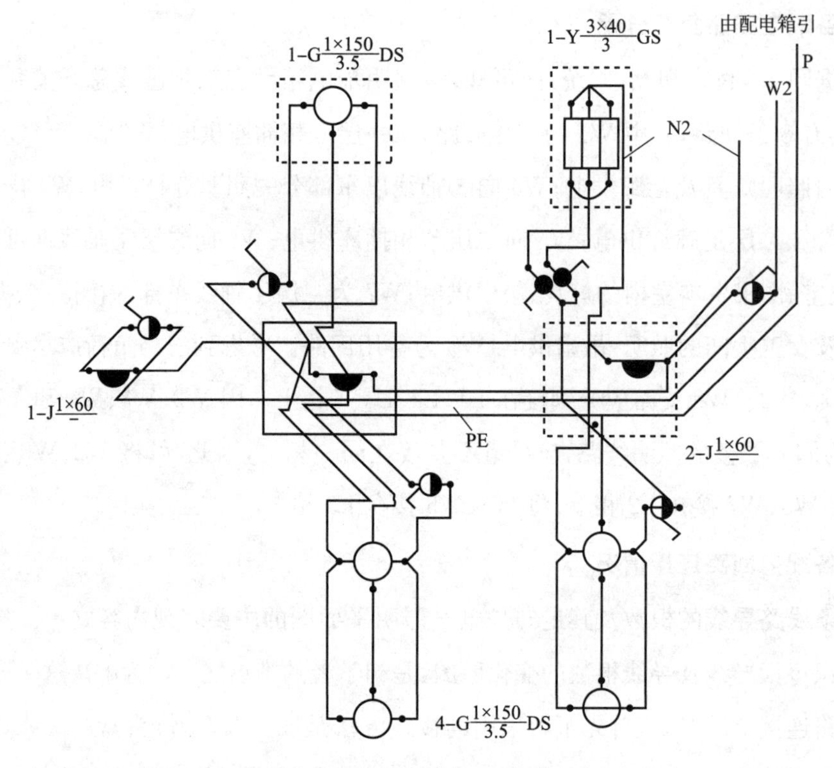

图 6-9　W2 回路连接情况示意

灯头盒内，在这个灯头盒内又分成 3 路，一路引向西部门灯；一路引向危险品仓库；一路引向化学实验室左侧门边防爆开关盒。

3 根零线在③轴线与Ⓑ/Ⓒ轴线交叉处的接线盒处分开，一路和 W2 相线一起走，同时还有一根 PE 线，并和 W2 相线同样在一层西部走廊灯的灯头盒内分支，另外 2 根随 W3、W4 引向东侧和二楼。

(3)W3 回路的走向和连接情况。W3、W4 相线各带一根零线，沿③轴线引至③轴线和Ⓑ/Ⓒ轴线交叉处的接线盒，转向东南引至一层走廊正中的半圆球形吸顶灯的灯头盒内，但 W3 回路的相线和零线只是从此通过(并不分支)，一直向东至男卫生间门前的半圆球吸顶灯灯头盒；在此盒内分成 3 路，分别引向物理实验室西门、浴室和继续向东引至更衣室门前吸顶灯灯头盒；并在此盒内再分成 3 路，又分别引向物理实验室东门、更衣室及东端门灯。

(4)W4 回路的走向和连接情况。W4 回路在③轴线和Ⓑ/Ⓒ轴线交叉处的接线盒内分成 2 路，一路由此引上至二层，向二层走廊灯供电。另一路向一层③轴线以东走廊灯供电。该分支与 W3 回路一起转向东南引至一层走廊正中的半圆球形吸顶灯，在灯头盒内分成 3 路，一路引至楼梯口右侧开关盒，接开关；第二路引向门厅花灯，直至大门右侧开关盒，作为门厅花灯及壁灯等的电源；第三路与 W3 回路一起沿走廊引至男卫生间门前半圆球吸顶灯；再到更衣室门前吸顶灯及东端门灯。其连接情况如图 6-10 所示。

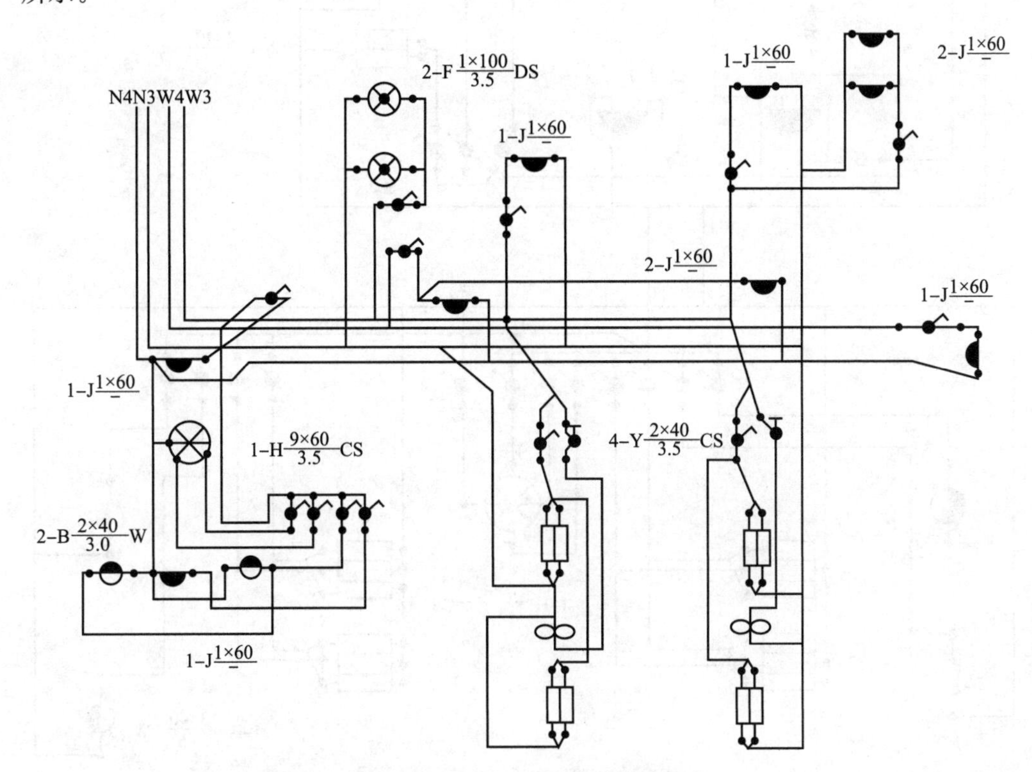

图 6-10　W3、W4 回路连接情况示意

(5)W5 回路的走向和线路连接情况。W5 回路是向二层单相插座供电的，W5 相线 13、零线 N 和接地保护线 PE 共 3 根 4 mm^2 的导线穿 PVC 管由配电箱直接引向二层，沿墙及地面暗配至各房间单相插座。线路连接情况可自行分析。

(6)W6 回路的走向和线路连接情况。W6 相线和零线穿 PVC 管由配电箱直接引向二层，向④轴线西部房间供电。线路连接情况可自行分析。在研究室(1)和研究室(2)房间中从开关至灯具、吊扇间导线根数标注依次是 4—4—3，其原因是两只开关不是分别控制两盏灯，而是分别同时控制两盏灯中的 1 支灯管和 2 支灯管。

(7)W7 回路的走向和连接情况。W7 回路同 W6 回路一起向上引至二层，再向东至值班室灯位盒，然后引至办公室、接待室。具体连接情况如图 6-11 所示。

读书笔记

读书笔记

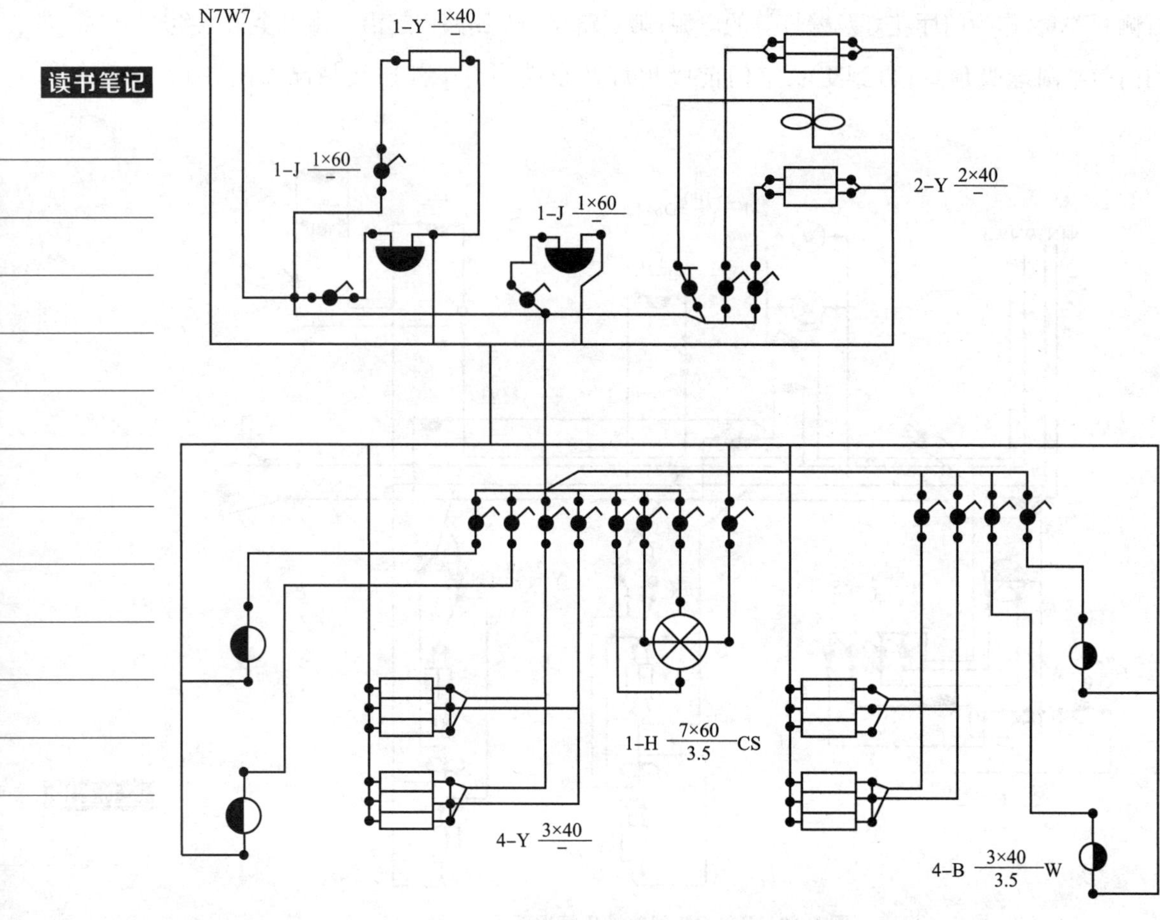

图 6-11　W7 回路连接情况示意

对于前面几条回路，我们分析的顺序都是从开关到灯具，反过来，也可以从灯具到开关进行阅读。例如，接待室西边门东侧有 7 只开关，④轴线上有 2 盏壁灯，导线的根数是递减的 3－2，这说明 2 盏壁灯各用一只开关控制。这样还剩下 5 只开关，还有 3 盏灯具。④～⑤轴线间的两盏荧光灯，导线根数标注都是 3 根，其中必有一根是零线，剩下的必定是 2 根开关线了，由此可推定这 2 盏荧光灯是由 2 只开关共同控制的，即每只开关同时控制两盏灯中的 1 支灯管和 2 支灯管，利于节能。这样，剩下的 3 只开关就是控制花灯的了。

6.4　动力及照明施工图综合识读

图 6-12～图 6-16 所示为某三层建筑物动力及照明施工图。

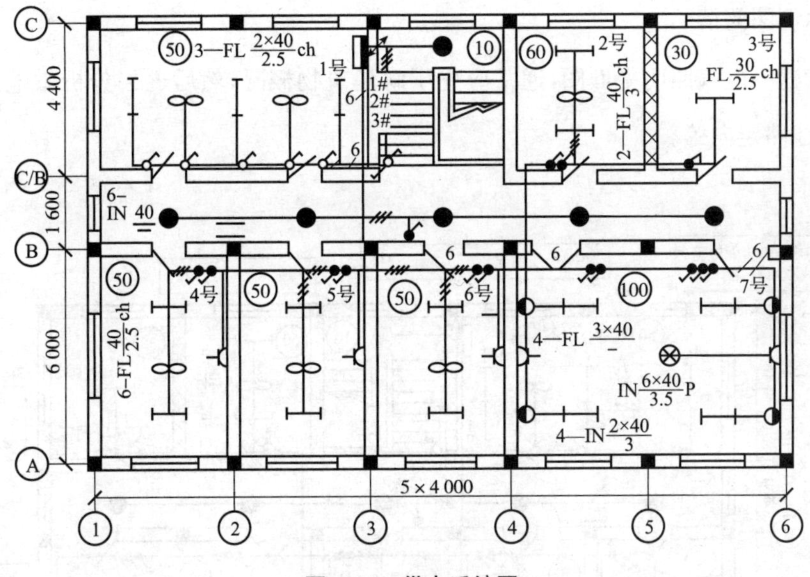

图 6-12　供电系统图

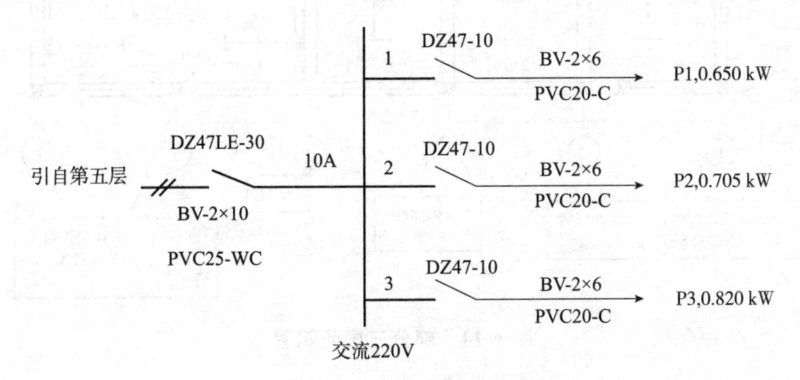

图 6-13　照明供电系统图

1. 施工图说明

(1)该层层高为 4 m,净高为 3.88 m,楼面为预制混凝土板,墙体为一般砖结构,墙厚为24 mm。

(2)导线及配线方式:电源引自第五层。总干线:BV－2×10－PVC25－WC。分干线(1～3):BV－2×6－PVC20－WC。各分支线:BV－2×2.5－PVC15－WC。

(3)配电箱为 XM1－16,并按系统图接线。

(4)本图采用的电气图形符号和含义见《建筑电气制图标准》(GB/T 50786—2012),建筑图形符号见《建筑制图标准》(GB/T 50104—2010)。

读书笔记

2. 示例图阅读

读书笔记

阅读这一电气照明平面图，通常应先了解建筑物概况，然后逐一分析供电系统、灯具布置、线路走向等。

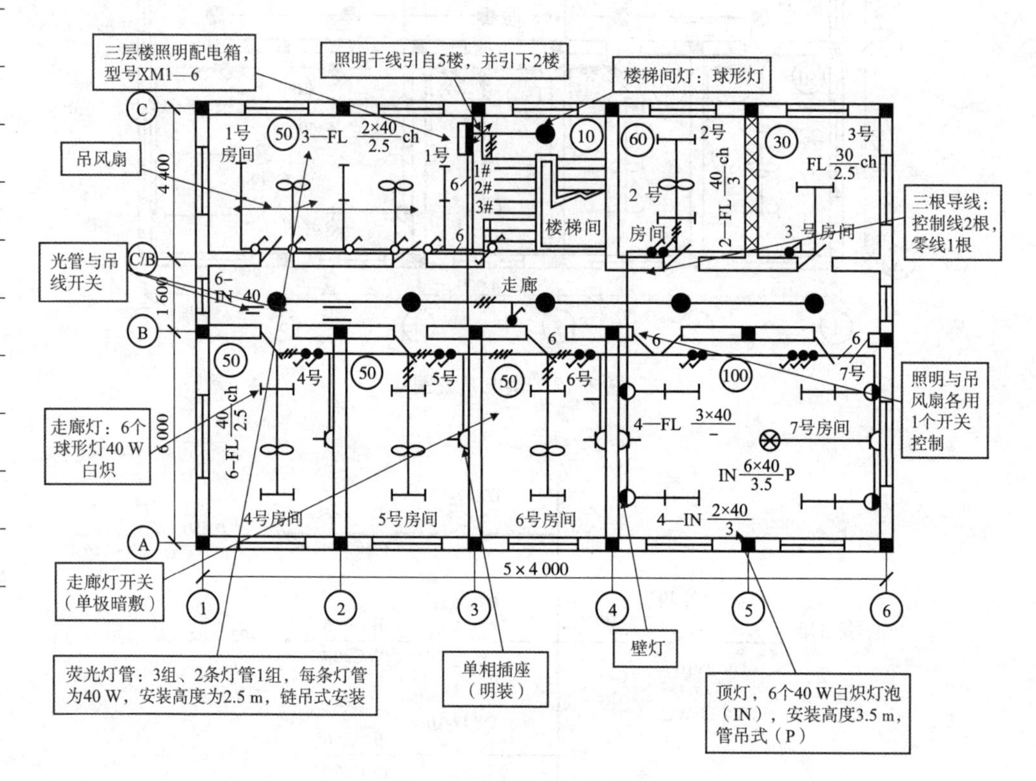

图 6-14　部分三层照明图

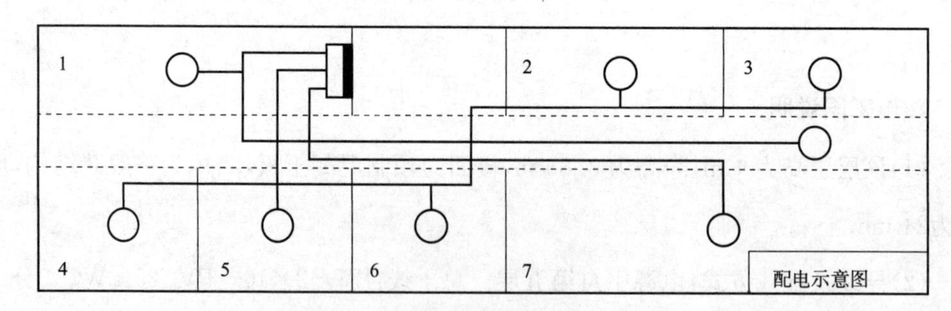

图 6-15　配电示意图

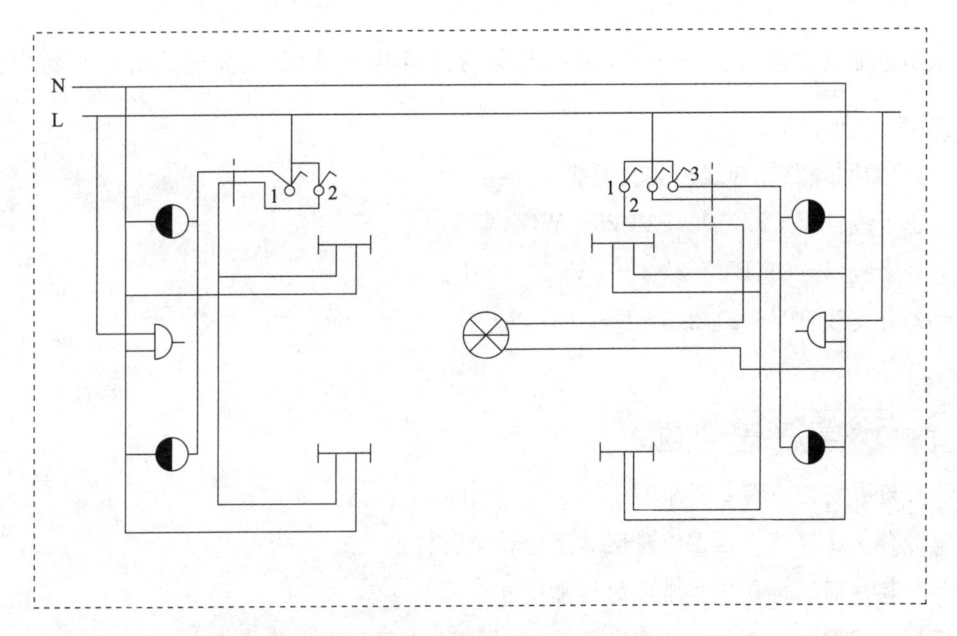

图 6-16　7 号房间照明配线图

(1)建筑物概况。每层共有 7 个房间(1～7 号),1 个楼梯间、1 个中间走廊。该建筑物长为 20 m,宽为 12 m,总面积为 240 m^2。

图中用中轴线表示出其中的尺寸关系。沿水平方向轴线编号为①～⑥,沿垂直方向用Ⓐ、Ⓑ、Ⓒ/Ⓑ、Ⓒ轴线表示。在图所附的"施工说明"中,交代了楼层的基本结构,如楼面为预制混凝土板结构,墙体为一般砖结构:24 墙。

读书笔记

(2)供电系统和电源配电箱。

1)电源进线。电源引自第五层、垂直引入,线路标号为"PG"(配电干线),导线型号为 BV,2 根铜芯塑料绝缘导线,截面面积为 10 mm^2,穿入电线管(PVC),管径为 25 mm,沿墙暗敷(WC)。

2)电源配电箱。该层设一个照明配电箱,其型号为 XM1－6。配电箱内安装一带漏电保护的单相空气断路器,型号为 DZ47LE(额定电流为 30 A)。三个单相断路器(DZ47－10、额定电流为 10 A)分别控制三路出线。

(3)照明设备和其他用电设备。从平面图上可统计出该楼层照明设备与其他用电设备的数量:各种灯具共 27 个、电扇 6 个、插座 5 个、开关 21 个。

照明灯具有荧光灯、吸顶灯、壁灯、花灯(6 管荧光灯)等。

灯具的安装方式有链吊式(C)、管吊式(P)、吸顶式、壁式(W)、嵌入式(R)等。

如 1 号房间:3－YG2－2 $\frac{2\times40}{2.5}$C,表示该房间有 3 个荧光灯(YG2)(每盏灯为 2 支 40W 灯管),安装高度 2.5 m,链吊式(C)安装。

如走廊及楼道：$6-J\frac{1\times40}{-}$，表示走廊与楼道共6盏灯，水晶底罩灯(J)，每盏灯40 W，吸顶安装。

(4)照明线路。导线种类及配线方式：

总干线：BV－2×10－PVC25－WC。

分干线(1～3)：BV－2×6－PVC20－WC。

各分支线：BV－2×2.5－PVC15－WC。

复习思考题

1. 灯具安装有哪些要求？
2. 什么是照明平面图？说明其用途和绘制特点。
3. 简述照明电气工程常用的图形符号。
4. 简述照明配电线路及配电设备、用电设备在平面图上的标识方法。

学习总结

第7章 防雷接地系统工程图识读

雷电是一种常见的自然现象，它能产生强烈的闪光、声音，有时落到地面上，击毁房屋、杀伤人畜，给人类带来极大的危害。特别随着我国建筑事业的迅猛发展，高层建筑日益增多，如何防止雷电的危害，保证建筑物及设备、人身的安全，就更为重要了。

知识目标

1. 掌握防雷接地基础知识。
2. 掌握防雷接地系统图识读。

能力目标

1. 熟悉建筑防雷措施和防雷装置。
2. 能熟练识读防雷接地系统图。

素质目标

1. 培养严谨的工作作风和细致、耐心的职业素养。
2. 培养防雷安全意识，工作团队协作精神。

7.1 建筑物接地系统

现代高层民用建筑为了保障人身安全、供电的可靠性，以及用电设备的正常运行，特别是现代智能建筑越来越多的电子设备，都要求有一个完整的、可靠的接地系统。这些建筑需要接地的设备及构件很多而且接地的要求也不一样，但从接地所起的作用可归纳为三大类，即防雷接地、保护接地、工作接地。本节主要介绍后两种接地。

7.1.1 保护接地

保护接地是指保护建筑物内的人身免遭间接接触的电击(在配电线路及设备发生接地故障情况下的电击)和在发生接地故障情况下避免因金属壳体间有电位差而产生打火引发火灾。当配电回路发生接地故障产生足够大的接地故障电流时，使配电回路的保护开关迅速动作，从而及时切除故障回路电源达到保护目的。

1. 保护接地的范围

高层建筑中哪些设备及构件必须进行保护接地呢?《民用建筑电气设计标准》(GB 51348—2019)(简称《民规》)12.2.2 中明确规定以下交流电气装置或设备的外露可导电部分必须保护接地：

(1)配电变压器的中性点和变压器、低电阻接地系统的中性点所接设备的外露可导电部分；

(2)电机、配电变压器和高压电器等的底座和外壳；

(3)发电机中性点柜的外壳、发电机出线柜、母线槽的外壳等；

(4)配电、控制和保护用的柜(箱)等的金属框架；

(5)预装式变电站、干式变压器和环网柜的金属箱体等；

(6)电缆沟和电缆隧道内，以及地上各种电缆金属支架等；

(7)电缆接线盒、终端盒的外壳，电力电缆的金属护套或屏蔽层，穿线的钢管和电缆桥架等；

(8)高压电气装置以及传动装置的外露可导电部分；

(9)附属于高压电气装置的互感器的二次绕组和控制电缆的金属外皮。

2. 保护接地系统方式的选择

按国际电工委员会(IEC)的规定低压电网有五种接地方式，如图 7-1 所示。

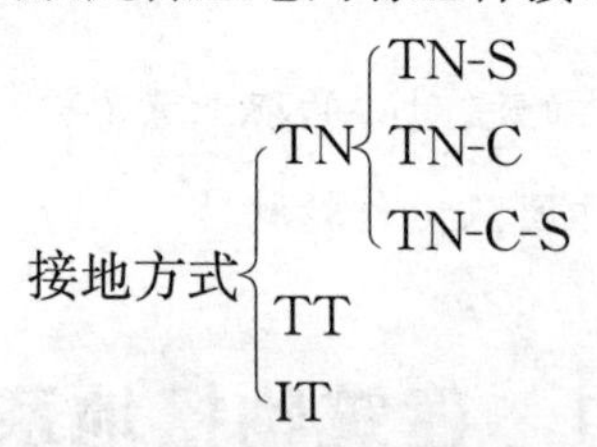

图 7-1 低压电网的接地方式

第一个字母(T 或 I)表示电源中性点的对地关系；第二个字母(N 或 T)表示装置的外露导电部分的对地关系；横线后面的字母(S、C 或 C-S)表示保护线与中性线的结合情况。

T——through(通过)，表示电力网的中性点(发电机、变压器的星形连接的中间结点)是直接接地系统；

N——neutral(中性点)，表示电气设备正常运行时不带电的金属外露部分与电力网的中性点采取直接的电气连接，即“保护接零”系统。

(1)TN 系统。

1)TN-S 系统。S——separate(分开,指 PE 与 N 分开),即五线制系统,三根相线分别是 L1、L2、L3,一根零线 N,一根保护线 PE,仅电力系统中性点一点接地,用电设备的外露可导电部分直接接到 PE 线上,如图 7-2 所示。

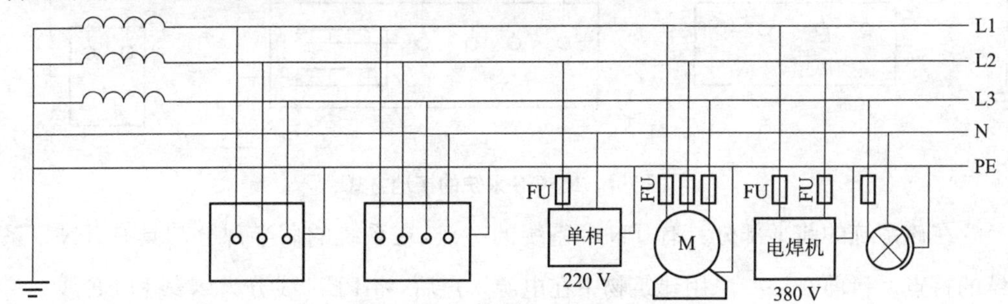

图 7-2　TN-S 系统的接地方式

TN-S 系统中的 PE 线上在正常运行时无电流,电气设备的外露可导电部分无对地电压,当电气设备发生漏电或接地故障时,PE 线中有电流通过,使保护装置迅速动作,切断故障,从而保证操作人员的人身安全。一般规定 PE 线不允许断线和进入开关。N 线(工作零线)在接有单相负载时,可能有不平衡电流。

TN-S 系统适用工业与民用建筑等低压供电系统,是目前我国在低压系统中普遍采取的接地方式。

读书笔记

2)TN-C 系统。C——common(公共,指 PE 与 N 合一),即四线制系统,三根相线 L1、L2、L3,一根中性线与保护地线合并的 PEN 线,用电设备的外露可导电部分接到 PEN 线上,如图 7-3 所示。

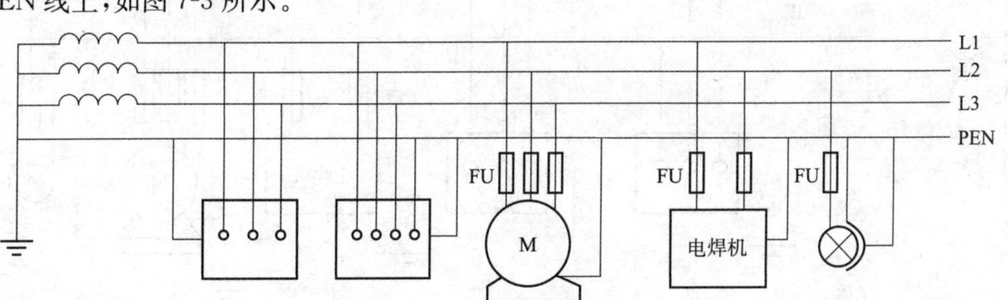

图 7-3　TN-C 系统的接地方式

在 TN-C 系统接线中当存在三相负荷不平衡或有单相负荷时,PEN 线上呈现不平衡电流,电气设备的外露可导电部分有对地电压的存在。由于 N 线不得断线,故在进入建筑物前 N 或 PE 应加做重复接地。

TN-C 系统适用三相负荷基本平衡的情况,同时也适用于有单相 220 V 的便携式、移动式的用电设备。

3)TN-C-S 系统。即四线半系统,在 TN-C 系统的末端将 PEN 分开为 PE 线和 N 线,分开后不允许再合并,如图 7-4 所示。

读书笔记

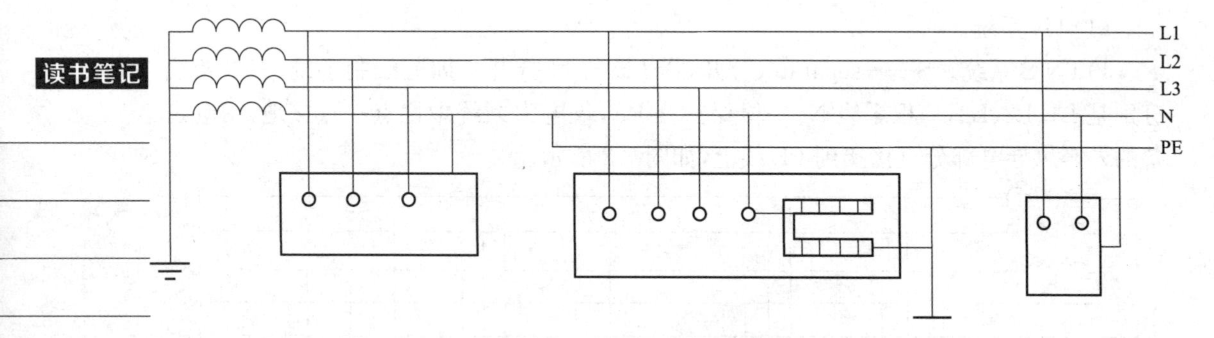

图 7-4　TN-C-S 系统的接地方式

在该系统的前半部分具有 TN-C 系统的特点，在系统的后半部分却具有 TN-S 系统的特点。目前在一些民用建筑物中在电源入户后，将 PEN 线分为 N 线和 PE 线。

该系统适用工业企业和一般民用建筑。当负荷端装有漏电开关，干线末端装有接零保护时，也可用于新建住宅小区。

(2)TT 系统。第一个“T”表示电力网的中性点(发电机、变压器的星形连接的中间结点)是直接接地系统；第二个“T”表示电气设备正常运行时不带电的金属外露可导电部分对地做直接的电气连接，即“保护接地”系统。三根相线 L1、L2、L3，一根中性线 N 线，用电设备的外露部分采用各自的 PE 线直接接地，如图 7-5 所示。

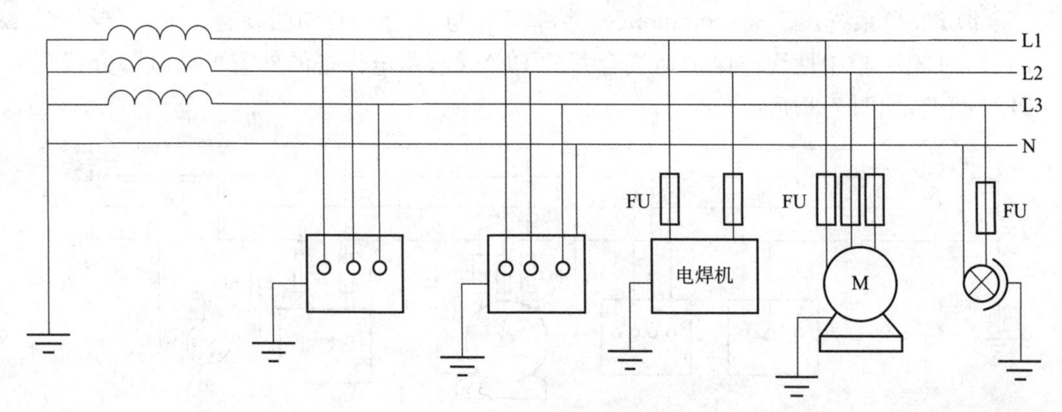

图 7-5　TT 系统的接地方式

在 TT 系统中当电气设备的金属外壳带电(相线碰壳或漏电)时，接地保护装置可以减少触电危险，但低压断路器不一定跳闸，设备的外壳对地电压可能超过安全电压。当漏电电流较小时，需加漏电保护器。接地装置的接地电阻应满足单相接地故障时在规定的时间内切断供电线路的要求，或使接地电压限制在 50 V 以下。TT 系统是适用供给小负荷的接地系统。

(3)IT 系统。IT 即电力系统不接地或经过高阻抗接地，三线制系统。三根相线 L1、L2、L3，用电设备的外露可导电部分采用各自的 PE 线接地，如图 7-6 所示。

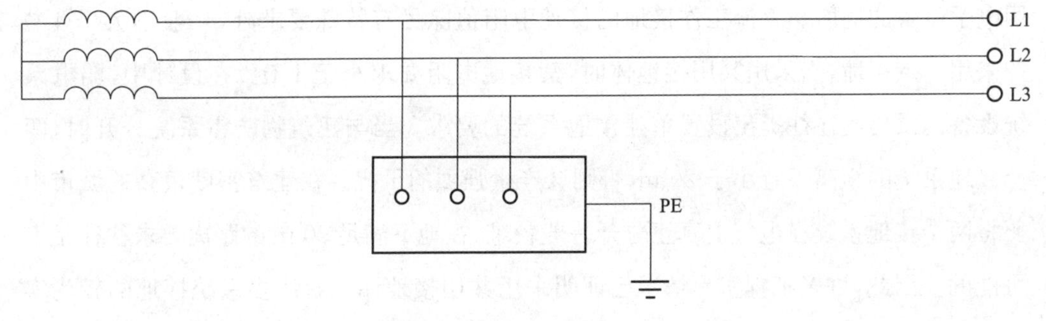

图 7-6　IT 系统的接地方式

在 IT 系统中，当任何一相发生故障接地时，因为大地可作为相线继续工作，系统可以继续运行。所以，在线路中需加单相接地检测、监视装置，故障时报警。

7.1.2　工作接地

工作接地，顾名思义，就是为了建筑物内各种用电设备能正常工作所需要的接地系统，工作接地可分为交流工作接地和直流工作接地。在民用建筑内的交流工作接地是指交流低压配电系统中电源变压器中性点(独立变电所)或引入建筑物交流电源中性线的直接接地，从而建筑物内的用电设备获得 220/380 V 正常稳定的工作电压。直流工作接地是为了让建筑物内电子设备的信号放大，信号传输以及数字电路中各种门电路信息的传递有一个稳定的基准电位，从而使建筑物内的弱电系统能够稳定正常工作。电子设备中的信号放大、传输电路中的接地称为信号接地，数字电路中的接地称为逻辑接地，两者统称为直流接地。

读书笔记

1. 交流工作接地

建筑物内交流工作接地通常指交流配电系统中性点的接地。当大楼由附近区域变电所供电时，工作接地已在区域变电所内完成，但从区域变电所引来的配电线路进入大楼前，中性线(PEN 线)必须做重复接地。当大楼设置独立变电所时，交流工作接地就在变电所内完成。即将变压器中性点、中性线一起直接接地。变电所内设有发电机组时也应将发电机中性点直接接地。变压器、发电机中性点的直接接地应采用单独专用 40 mm×4 mm 镀锌扁钢做接地线直接与接地体焊接。交流工作接地采用独立接地体时，接地电阻要求≤4 Ω，当采用共用接地体时，其接地电阻应≤1 Ω。

2. 直流工作接地

在高层建设中需要设置直流工作接地的场所通常有消防控制室、通信机房(综合布线机房)、计算机机房、BA 机房、监控中心、广播音响机房、电梯机房，以及其他集中使

用电子设备的场所。直流工作接地的接地电阻值除另有特殊要求外，一般不大于 4 Ω 并采用一点接地，当采用共用接地体时，其接地电阻要求小于 1 Ω。在设计中，弱电系统设备的供货商往往提出设置单独接地系统的要求。当与建筑物防雷系统分开时，两个接地系统的距离不宜小于 20 m，否则会产生强烈的干扰。在建筑密度很高的城市中要将两个接地系统在电气上真正分开一般较难，在地下满足 20 m 的距离要求往往是不可能的。因此，许多工程实际情况已证明采用共用接地体是解决多系统接地的较为实用的最佳方案，如图 7-7 所示。

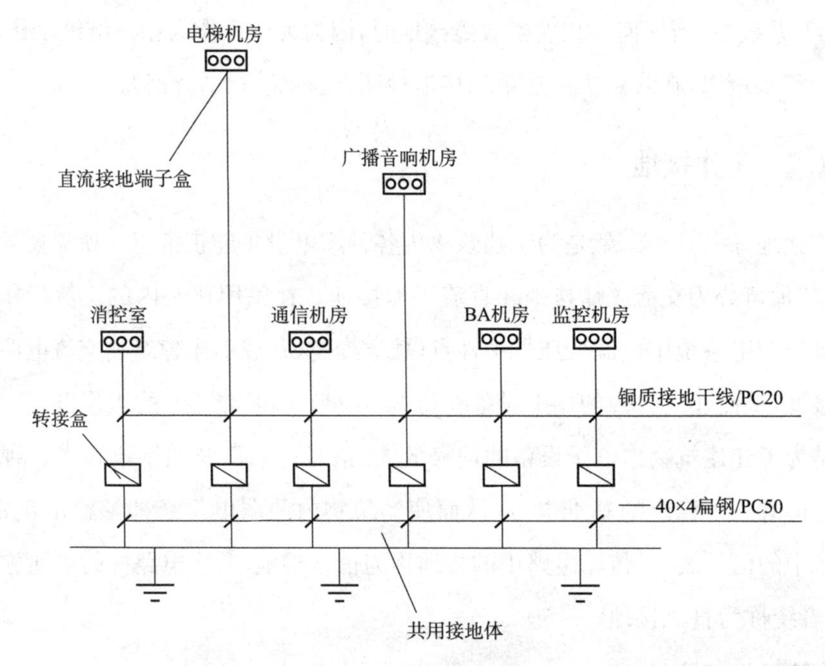

图 7-7　直流工作接地连接图

直流工作接地通常采用放射式接地形式，即从共用接地体上或总等电位铜排上分别引出各弱电机房设备的专用接地干线，在机房内设置直流工作接地的专用端子板并与专用接地干线连接供设备工作接地。工作接地干线从接地体引出后不再与任何“地”连接，通常采用塑料绝缘导线或电缆穿硬塑料管保护或采用扁钢(铜)穿硬塑料管保护方式敷设。直流工作接地的干线材质及规格的选择与电子设备的工作频率及系统对接地电阻的要求有关。直流工作接地干线宜采用扁钢(铜)穿硬塑料管保护方式敷设。直流工作接地的干线材质及规格的选择与电子设备的工作频率及系统对接地电阻的要求有关。直流工作接地干线宜采用铜质材料。特别是工作频率在 1 MHz 以上的系统接地中务必采用铜质材料。当采用单根铜芯导线时其截面面积应不小于 25 mm^2。采用扁铜排时截面尺寸应不小于 20 mm×3 mm。设计中应根据不同系统的要求进行选择，

读书笔记

特别是在高频系统中要意识到工作频率对接地线阻抗的影响。即在相同材质和相同截面面积的材料中，断面周长大的阻抗小，所以，采用多股铜线比单股铜线阻抗小，矩形铜排比单股圆铜线阻抗小，采用编织铜线的阻抗最小。

接地干线从共用接地体引接时，通常采用 40 mm×4 mm 扁钢与接地体焊接后上引至地面（或地下室地面）上 0.5 m 处的接线盒扁钢与铜导线的转接。接线盒及转接做法可参照国家标准图集《接地装置安装》(86D563)第 13 页做法。在直流工作接地系统中，接地引线的长度对系统的接地阻抗也有影响，特别是在高频系统中，接地引线长度增加一点，阻抗就增加很大，频率越高阻抗就越大，所以，直流工作接地引线越短越好。但应注意接地线的长度(L)是指从设备至接地体的引线长度，不能是该设备工作波长 A(m)($\lambda=3\times10^{-10}$ m)的 1/4 或其奇数位，即 $L=\lambda/4n(n=1,3,5,\cdots)$。因为此时接地线的阻抗为无穷大，就相当系统中的一根天线，可吸收和辐射干扰信号，使本系统不能正常工作，同时也会干扰其他弱电系统工作。

总之，在直流工作接地系统设计中应充分考虑各个不同工作频率的工作接地的独立性。特别是对高频接地系统有条件时应单独设置接地系统，当采用共用接地装置时，也只能在地下接地体一处相连接，并与其他系统接地点应相隔一定距离，上引的其他部分应保护各自的独立性，防止相互干扰。

读书笔记

7.2　建筑防雷接地工程图实例

建筑物防雷接地工程图一般包括防雷工程图和接地工程图两部分。图 7-8 所示为某住宅建筑防雷平面图和立面图，图 7-9 所示为该住宅建筑的接地平面图，图纸附施工说明。

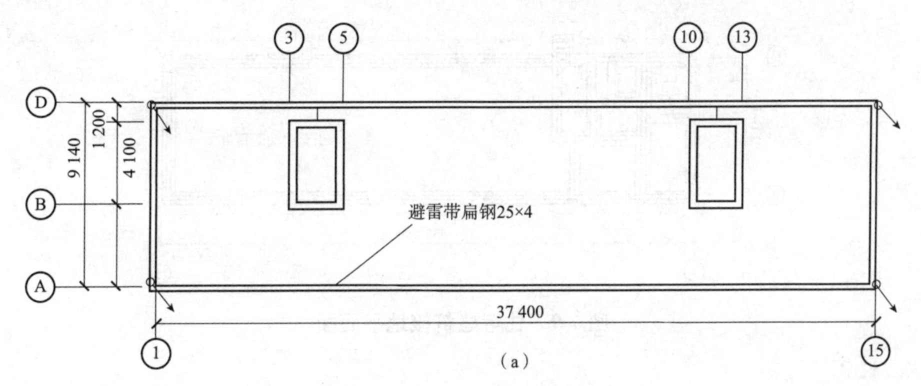

图 7-8　某住宅建筑防雷平面图、立面图

(a)平面图

读书笔记

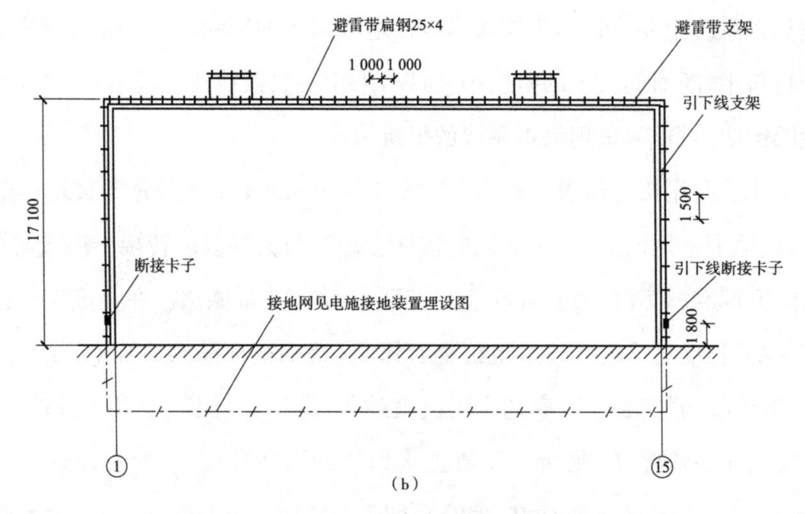

图 7-8　某住宅建筑防雷平面图、立面图(续)

(b)北立面图

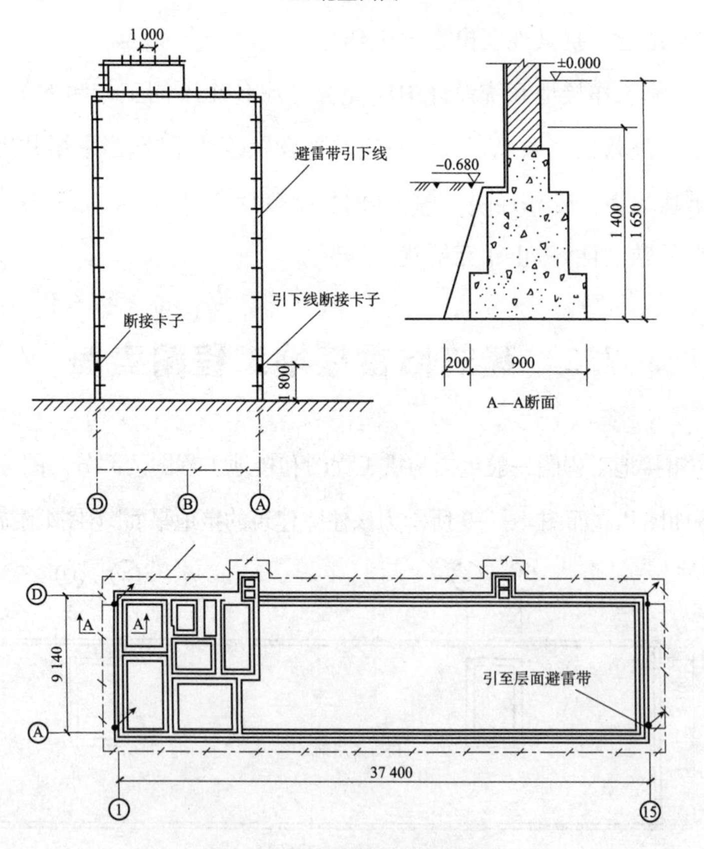

图 7-9　住宅建筑接地平面图

施工说明:

1. 避雷带、引下线均采用 25×4 扁钢,镀锌或做防腐处理。

2. 引下线在地面上 1.7 m 至地面下 0.3 m 一段,用 φ50 硬塑料管保护。

3. 本工程采用 25×4 扁钢做水平接地体、围建筑物一周埋设，其接地电阻不大于 10 Ω。施工后达不到要求时，可增设接地极。

4. 施工采用国家标准图集《建筑物、构筑物防雷设施安装》(D562)、《接地装置安装》(86D563)，并应与土建密切配合。

(1)工程概况。由图 7-7 可知，该住宅建筑避雷带沿屋面四周女儿墙敷设，支持卡子间距为 1 m。在西面和东面墙上分别敷设 2 根引下线(25×4 扁钢)，与埋于地下的接地体连接，引下线在距地面 1.8 m 处设置引下线断接卡子。固定引下线支架间距 1.5 m。由图 7-9 可知，接地体沿建筑物基础四周埋设，埋设深度在地平面以下 1.65 m，在－0.68 m 开始向外，距基础中心距离为 0.65 m。

(2)避雷带及引下线的敷设。首先，在女儿墙上埋设支架，间距为 1 m，转角处为 0.5 m；其次，将避雷带与扁钢支架焊为一体，引下线在墙上明敷设与避雷带敷设基本相同，也是在墙上埋好扁钢支架之后再与引下线焊接在一起。

避雷带及引下线的连接均用搭接焊接，搭接长度为扁钢宽度的 2 倍。

(3)接地装置安装。该住宅建筑接地体为水平接地体，一定要注意配合土建施工，在土建基础工程完工后，未进行回填土之前，将扁钢接地体敷设好。并在与引下线连接处引出一根扁钢，做好与引下线连接的准备工作。扁钢连接应焊接牢固，形成一个环形闭合的电气通路，实测接地电阻达到设计要求后，再进行回填土。

(4)避雷带、引下线和接地装置的计算。避雷带、引下线和接地装置都是采用 25×4 的扁钢制成。

复习思考题

1. 常用的接地类型有哪几种？

2. 接地装置由哪几部分组成？

3. 简述利用建筑物基础内钢筋做接地装置的做法。

学习总结

第8章

火灾自动报警及联动控制系统识图

火灾自动报警及联动控制是一项综合性消防技术，是现代电子工程和计算机技术在消防中的应用，也是消防系统的重要组成部分和新兴技术学科。

知识目标

1. 掌握火灾自动报警与灭火系统图。
2. 掌握火灾自动报警控制系统的组成。
3. 掌握火灾自动报警系统的工作原理。

能力目标

1. 掌握火灾自动报警系统的构成。
2. 熟悉系统安装和布线方法。
3. 熟悉相仿设备联动控制。

素质目标

1. 培养消防安全意识，将消防设备运维知识熟练地运用到工作岗位。
2. 培养爱岗敬业精神，具有健康的身体素质。

8.1 火灾自动报警及联动控制系统

8.1.1 火灾自动报警及联动控制系统的组成

火灾自动报警及联动控制系统包括火灾参数的检测系统、火灾信息的处理与自动

报警系统、消防设备联动与协调控制系统、消防系统的计算机管理等，如图 8-1 所示。

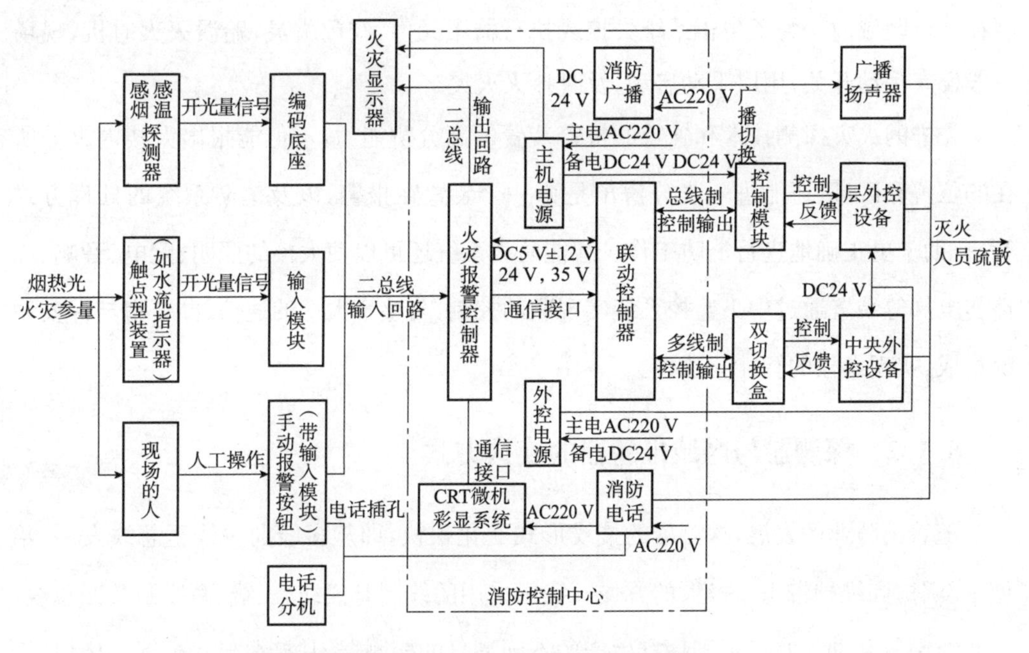

图 8-1　火灾报警与自动灭火系统框图

火灾自动报警系统能及时发现火灾、通报火情，并通过自动消防设施，将火灾消灭在萌发状态，最大限度地减少火灾的危害。高层、超高层现代建筑的兴起，对消防工作提出了越来越高的要求，消防设施和消防技术的现代化，是现代建筑必须采用和具备的。

读书笔记

火灾报警控制器是火灾报警系统的心脏，是分析、判断、记录和显示火灾的部件，它通过火灾探测器(感烟、感温)不断向监视现场发出巡测信号，监视现场的烟雾浓度、温度等。探测器将烟雾浓度或温度转换成电信号，并反馈给报警控制器，报警控制器收到的电信号与控制器内存储的整定值进行比较，判断确认是否发生火灾。当确认发生火灾，在控制器上发出声光报警，现场发出火灾报警，显示火灾区域或楼层房号的地址编码，并打印报警时间、地址。同时，通过消防广播向火灾现场发出火灾报警信号，指示疏散路线，在火灾区域相邻的楼层或区域通过消防广播、火灾显示盘显示火灾区域，指示人员前往安全的区域避难。

为了防止探测器失灵或火警线路发生故障，现场人员也可以通过安装在现场的报警按钮和消防电话直接向消防中心报警。火灾报警控制系统一般由探测器(感烟、感温)模块、火灾报警控制器、火灾显示盘、消防电话、CRT 显示器等组成。联动控制器是在火灾报警控制器的控制下，执行自动灭火等一系列程序的装置。当监视现场发生火灾，联动控制器启动喷淋泵，进行灭火；启动正压送风机、排烟风机，保证避难层、避难间安全避难;通过联动控制器可将电梯降到底层,放下防火卷帘门,关闭防火阀,使火灾限制在一定区域内。为了防止系统失控或执行器中元件、阀门失灵,贻误灭火时机,现场一般设有手动开关,用以手动启动,及时扑灭火灾。

读书笔记

先进的火灾探测技术和独特的报警装置的高分辨能力,不但能报出大楼内火警所在的位置和区域,还能进一步分辨出是哪一个装置在报警,以及消防系统的处理方式等,有助于更正确地进行消防工作。智能防火系统还可以使大楼的照明、配电、音响、广播与电梯等装置通过中央监控系统实现联动控制,与整个大楼的通信、办公室与保安系统集成,实现大楼的智能化监控。

8.1.2 探测器与区域报警器的连接方式

随着消防业的发展,探测器的接线形式变化很快,即从多线向少线至总线发展,给施工、调试和维护带来了极大的方便。我国采用的线制有四线、三线、两线制及四总线、二总线制等几种。对于不同厂家生产的不同型号的探测器,其接线形式也不一样,从探测器到区域报警器的线数也有很大差别。

8.1.2.1 火灾自动报警系统的技术特点

火灾自动报警系统包括火灾探测器、配套设备(中继器、显示器、模块、总线隔离器、报警开关等)、报警控制器和布线四部分,这就形成了系统本身的技术特点。

(1)系统必须保证长期不停地运行,在运行期间不但发生火情能报警到探测点,而且应具备自判断系统设备传输线断路、短路、电源失电等状况的能力,并做出有区别的声光报警,以确保系统的高可靠性。

(2)探测部位之间的距离可以从几米至几十米。控制器到探测部位间可以从几十米到几百米、上千米。一台区域报警控制器可带几十或上百只探测器,有的通用控制器做到了带500个探测点,甚至上千个。无论哪种情况,都要求将探测点的信号准确无误地传输到控制器。

(3)系统应具有低功耗运行性能。探测器对系统而言是无源的,它只是从控制器上获取正常运行的电源。探测器的有效空间是狭小有限的,要求设计时电子部分必须是简练的。电源失电时,应有备用电源可连续供电 8 h,并在火警发生后,声光报警能长达 50 min,这就要求控制器也应低功耗运行。

8.1.2.2　火灾自动报警系统的线制

从上述技术特点看出,线制对系统是相当重要的。这里说的线制是指探测器和控制器间的布线数量。更确切地说,线制是火灾自动报警系统运行机制的体现。按线制分,火灾自动报警系统有多线制和总线制之分。多线制目前基本不用,但已运行的工程大部分为多线制系统,下面分别叙述两种线制。

总线制系统采用地址编码技术,整个系统只用几根总线,建筑物内布线极其简单,给设计、施工及维护带来极大的方便,因此被广泛采用。值得注意的是:一旦总线回路中出现短路问题,则整个回路失效,甚至损坏部分控制器和探测器,因此,为了保证系统正常运行和免受损失,必须采取短路隔离措施,如分段加装短路隔离器。

(1)四总线制。如图 8-2 所示。四条总线:P 线给出探测器的电源、编码、选址信号;T 线给出自检信号以判断探测部位或传输线是否有故障;控制器从 S 线上获得探测部位的信息;G 线为公共地线。P、T、S、G 均为并联方式连接,S 线上的信号对探测部位而言是分时的,从逻辑实现方式上看是“线或”逻辑。由图 8-2 可见,从探测器区域报警器只用 4 根全总线,另外一根 V 线为 DC24V,也以总线形式由区域报警控制器接出来,其他现场设备也可使用(见后述)。这样控制器与区域报警器的布线为 5 线,大大简化了系统,尤其是在大系统中,这种布线优点更为突出。

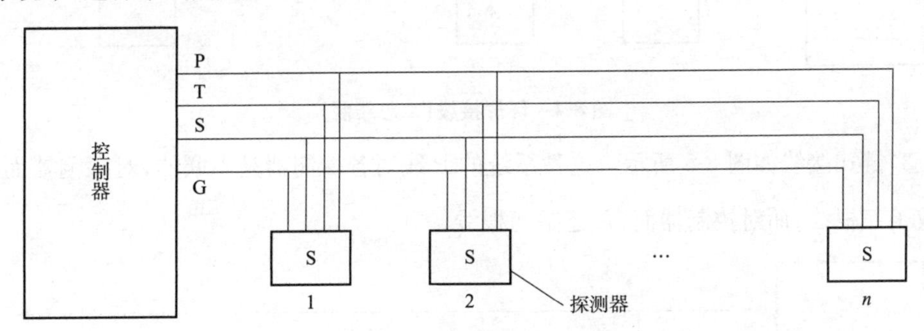

图 8-2　四总线制连接方式

(2)二总线制。这是一种最简单的接线方法,用线量更少,但技术的复杂性和难度也提高了。二总线中的 G 线为公共地线,P 线则完成供电、选址、自检、获取信息等功能。目前,二总线制应用最多,新型智能火灾报警系统也建立在二总线的运行机制上,二总线系统有树枝和环形两种。

1)树枝形接线如图 8-3 所示。这种方式应用广泛,这种接线如果发生断线,可以报出断线故障点,但断点之后的探测器不能工作。

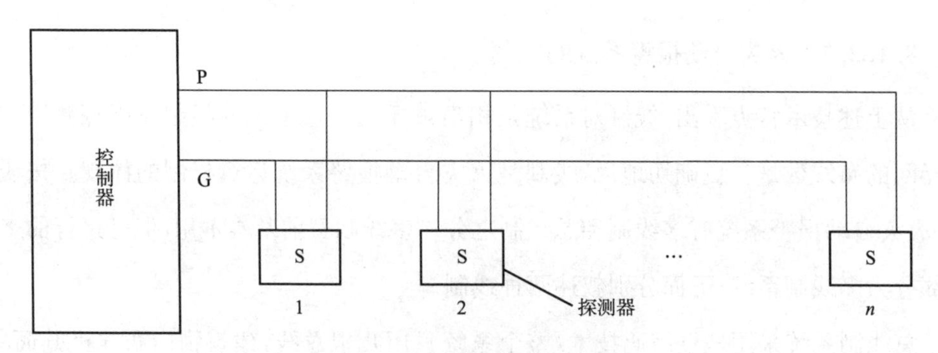

图 8-3　树枝形接线(二总线制)

2)环形接线如图 8-4 所示。这种系统要求输出的两根总线再返回控制器另两个输出端子,构成环形。这种接线方式如中间发生断线,不影响系统正常工作。

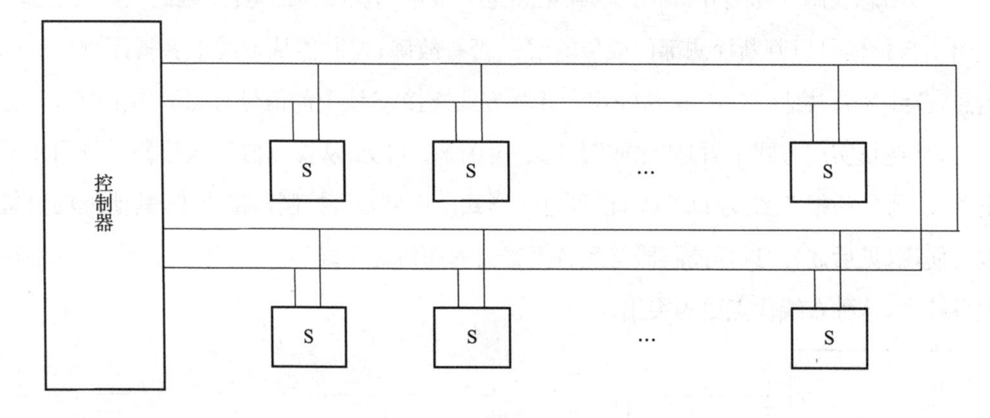

图 8-4　环形接线(二总线制)

3)链式接线如图 8-5 所示。这种系统的 P 线对各探测器是串联的,对探测器而言,变成了三根线;而对控制器而言,还是两根线。

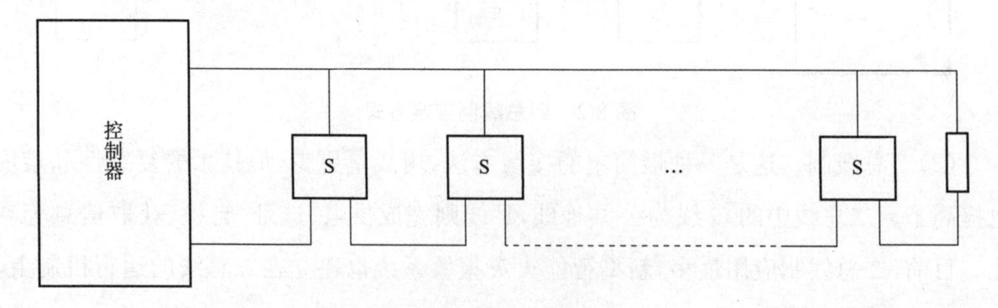

图 8-5　链式接线

8.2 火灾自动报警及联动工程实例

8.2.1 案例原理

火灾自动报警系统的保护对象是建筑物或建筑物的一部分。在不同的建筑物中，它的使用性质、重要程度、火灾危险性、建筑结构形式、耐火等级、分布状况、环境条件及管理形式等都各不相同。根据不同的情况选择不同的火灾自动报警系统。报警规范将火灾报警系统划分为区域报警系统、集中报警系统和控制中心报警系统3种基本形式。火灾自动报警及消防联动控制系统都采用集中报警系统，如图8-6所示。

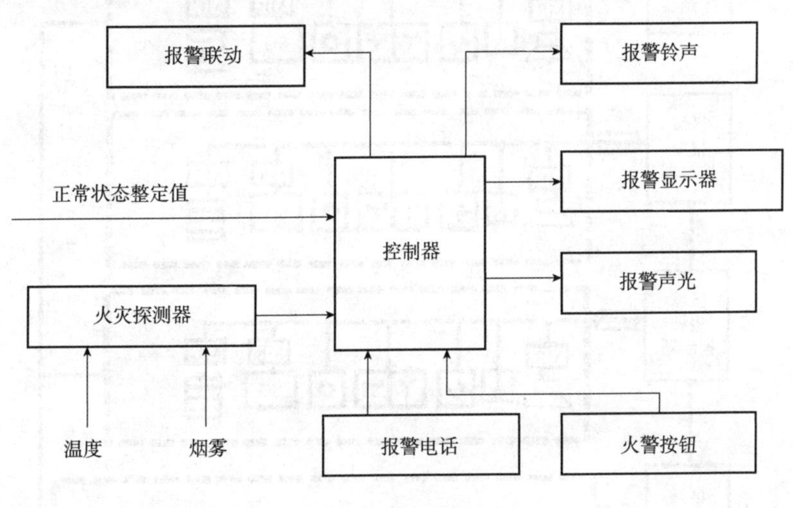

图8-6 火灾自动报警系统图

火灾自动报警系统是由触发器(温度和烟雾探测器、手动报警按钮)、火灾警报装置(声光报警器)、火灾报警装置(火灾报警控制器)、控制装置(包括各种控制模块、自动灭火系统的控制装置/火灾报警联动一体机，室内消火栓的控制装置，火灾警报装置、消防通信设备、火灾应急广播、火灾应急照明及疏散指示标志的控制装置等)、电源及具有其他辅助功能的装置组成的火灾报警系统。

8.2.2 工程案例

该教学楼为4层教学楼，建筑面积为4 500 m^2。其中第一层有10个普通教室，2个阶梯教室，8个办公室，6个厕所，2个杂物间；第2层到第4层每层各有10个普通

读书笔记

教室，2 个阶梯教室，12 个办公室，6 个厕所，2 个杂物间。

读书笔记

根据教学楼的实际构造，在 1 层设计了 39 个感烟探测器，21 个感温探测器，7 个手动火灾报警按钮，10 个消火栓报警按钮，16 个广播扬声器，8 个防火卷帘门，9 个声光报警器。2 层的走廊设计了 3 个探测器，以确保走廊没有探测死角。其他的设备器件设计与 1 层的相同，由于 2 层与 1 层相比多了 4 间办公室，所以 2 层楼一共设计了 47 个感烟探测器，26 个感温探测器，8 个手动火灾报警按钮，10 个消火栓报警按钮，22 个广播扬声器，8 个防火卷帘门，8 个声光报警器。3 层、4 层的楼层设计与 2 层完全相同，如图 8-7 所示。

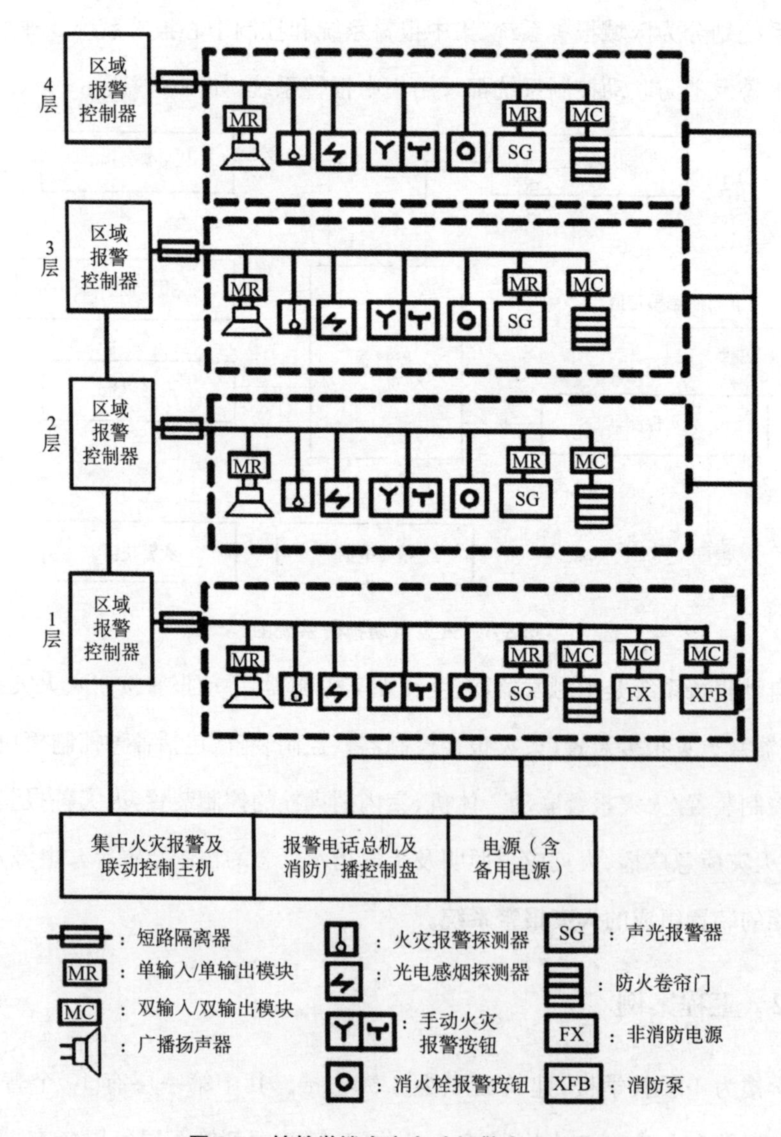

图 8-7　某教学楼火灾自动报警布局系统图

室内消火栓灭火系统是在教学楼的 1～4 层，每层设 10 个消火栓箱。根据规范不仅在每个报警区设有消火栓报警按钮，同样在消防控制室也设有手动控制按钮，以达到手动/自动控制的要求，当联动系统故障时，也可以手动控制消防泵。

防火卷帘门的设计是在每层楼梯到各个走廊的通道口处设置上防火卷帘门。当火灾发生时可以很好地起到隔离火区，避免火灾扩散蔓延的作用，有利于人员的疏散逃生。

火灾应急广播系统是根据该教学楼的距离、面积等因素，在每个教室都设有扬声器，在每个办公室也设有扬声器，在第 4 层的 4 个角的拐弯处也设有扬声器。

消防控制室在确认火灾后，应能切断有关部位的非消防电源。切断方式可以是自动切断，也可以是人工切断。该教学楼设有手动和自动两种方式控制非消防电源，从而保证了其可靠性。火灾警报装置是在火灾自动报警系统中，用以发出区别于环境声、光的火灾警报信号的装置，通常与火灾报警控制器组合在一起。该教学楼的一层装设有 9 个声光报警器，2～4 层每层装设了 8 个声光报警器。

火灾应急照明及疏散装置采用消防应急照明灯和疏散标识牌的方式，在每层的楼道和楼梯内安装了 11 个消防应急照明灯，在楼道和安全出口设置了自发光的疏散标识牌。

复习思考题

1. 火灾自动报警系统由哪几部分组成，各部分的作用是什么？

2. 选择探测器主要应考虑哪些方面？

3. 布置探测器时应考虑哪些方面的问题？

4. 输入模块、输出模块、总线驱动器的作用是什么？

学习总结

第9章 通信网络与综合布线系统识图

共用电视天线、电话、有限广播及综合布线系统是现代建筑中应用比较多的弱电系统。本章对上述几个系统的工作原理、安装部件做一介绍，并通过工程图的方式对这几个系统进行分析。

知识目标

1. 掌握有线电视、电话通信系统图。
2. 掌握广播音响系统识图。
3. 掌握智能建筑综合布线系统图。

能力目标

1. 熟悉各弱电系统的组成和安装工艺。
2. 熟记弱电系统图符号并熟读各系统图。

素质目标

1. 培养爱岗敬业、勤奋工作的职业道德素质。
2. 培养健康的身体素质、心理素质和乐观的人生态度。
3. 培养从事建筑电力系统相关企业技术管理工作的基本业务素质。

9.1 有线电视系统图识读

9.1.1 有线电视系统的构成

有线电视系统一般包括前端装置、传输分配网络、用户终端等几个部分，其框图如图9-1所示。

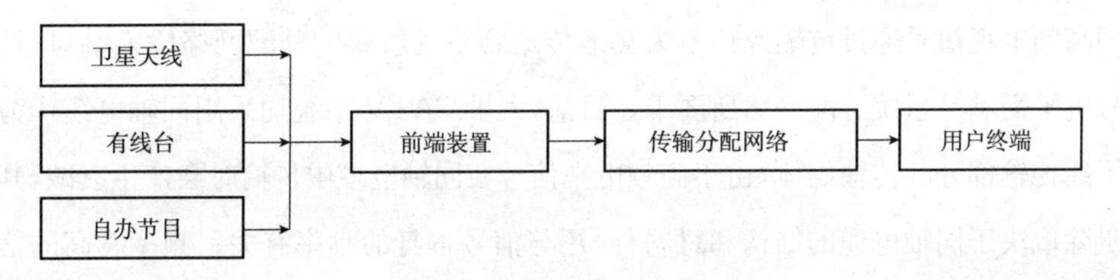

图 9-1　有线电视系统框图

1. 信号源接收部分

信号源接收部分的主要任务是向前端提供系统欲传输的各种信号、有线电视台节目信号，各种口径的抛物面天线，再经过高频头(LNB)向前端提供频率为 970～1 470 MHz 的卫星电视信号。抛物面天线还用来接收微波中继信号 MMDS 所发的微波电视信号，经过变频器向前端提供高频电视信号。除此之外，向前端提供信号的还有演播室内的摄像机、录像机、影碟机、电影电视转换机等自办节目电视信号。

接收各种空间电视信号的场地，通常选择对信号阻挡小、反射较少、信号场强较高的和电磁干扰较少的有利于信号接收的开阔地带，同时也要考虑尽可能靠近系统的前端所在地，减少向前端输送过程中信号的衰减。

2. 前端装置

系统的前端部分的主要任务是对送入前端的各种信号进行技术处理，将它们变成符合系统传输要求的高频电视信号，最后各种电视信号混合成一路，馈送给系统的干线传输部分。

根据前端的任务性质，其使用的主要设备和部件有放大微弱高频电视信号的天线放大器(有时该放大器装在天线杆上)；衰减强信号用的衰减器；滤除带外成分的滤波器；将信号放大的频道放大器和宽带功率放大器；将视、音频信号变成高频电视信号的调制器；对卫星处理器及将多路高频电视信号混合成一路的混合器。前端部分是系统使用设备品种最多的一个部分。

3. 传输分配网络

传输分配网络可采用 860 MHz 双向传输方式，具有双向传输能力，上行通道为 30～40 MHz，下行通道为 40～860 MHz；40～450 MHz 为有线电视信号传输，450～550 MHz、750～860 MHz 频段内传输卫星电视信号，550～750 MHz 传输数字电视。

(1)系统的干线传输部分。系统的干线传输部分主要任务是将系统前端部分所提

读书笔记

供的高频电视信号通过传输媒体不失真地传送到系统所属的分配网络输入端口，且其信号电平需满足系统分配网络所要求。目前，大量 CATV 系统均采用同轴电缆作为系统干线传输部分的传输媒体，由于高频电视信号在同轴电缆中传输时会产生衰减，其衰减量除取决于同轴电缆的结构和材料外，还与信号本身的频率有关。频率越高的信号在同样条件下，衰减量也越大。当信号被传输一段距离后，信号电平将会有所下降，距离越长，下降值越大，而且使不同频率信号的电平产生差值，传输距离越远，差值就越大。这就给系统分配正常工作带来困难。另外，信号的衰减量还与温度有关，温度升高时其衰减量约增加 0.2 dB/℃。

为了克服信号在电缆中传输产生的衰减和不同频率信号的衰减差异，除选用衰减量小的同轴电缆外，还要采用带有自动增益控制和自动斜率控制功能的干线放大器和均衡器等设备和部件。但是，随着放大器的使用，必然导致噪声的增大、频响特性变差和非线性失真的产生，而且随着传输距离的增大，串接放大器个数增多。就目前的技术水平来讲，即使采用具有自动电平控制功能的干线放大器，其理论值也不能超过 25 级。因此，系统干线传输的最长距离也就被限制在 10 km 左右。而目前的 CATV 系统正在朝着区域性联网发展，10 km 远不能满足系统联网的需要。CATV 系统中采用光缆来替代同轴电缆作为系统干线传输媒体，形成“光缆＋电缆”的有线电视传输方式，它不仅解决了 CATV 系统宽带长距离传输的难题，而且使 CATV 系统达到较高的技术水平。

所谓 CATV 系统的光纤传输，实际上是把 CATV 系统前端部分输出的高频电视信号调制成波长为 1 310 nm 的激光信号，这个任务由光发送机完成，经过光纤传送后，由光接收机接收并还原成原来的高频电视信号后馈送给系统的分配网络，图 9-2 所示是上述转换过程的示意。从经济角度考虑，当干线长度超过 3 km 时，采用光缆的综合成本就会接近采用同轴电缆的综合成本。

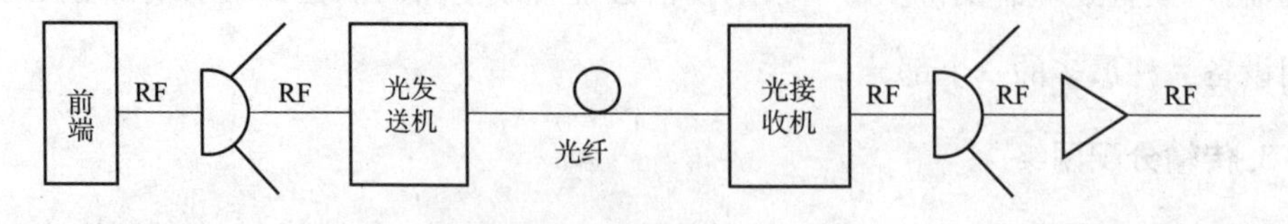

图 9-2　光纤传输 CATV 示意

(2)系统的分配网络。系统分配网络的主要任务是将由前端提供的、经系统干线传输过来的全部高频电视信号通过电缆分配到每个用户终端，而且要保证每个用户终端得到电平值符合系统的要求，使用户终端的电视机处于最佳状态。

为了实现上述要求，系统的分配网络要使用大量各种规格的分配器、分支器、分支串接单元、用户终端等无源部件。在分配过程中，信号的电平会下降，因此，还需要采用各种规格和型号的放大器，对信号电平再次进行放大，以满足继续分配信号的需要。

(3)传输分配网络的形式。传输分配网络的形式应根据系统用户终端的分布情况和总数确定，形式也是多种多样的，在系统的工程设计中，传输分配网络的设计最为灵活多变，在保证用户终端能获得规定电平值的前提下，使用的器件应越少越好。传输分配网络的组成形式有很多，其基本组成形式有下列几种：

1)分配-分配形式。网络中采用分配器，主要适用以前端为中心向四周扩散的、用户端数不多的小系统，主要用于干线、分支干线、楼幢之间的分配。在使用这种形式的网络时，分配器的任一端口不能空载。图 9-3 所示是其基本组成。

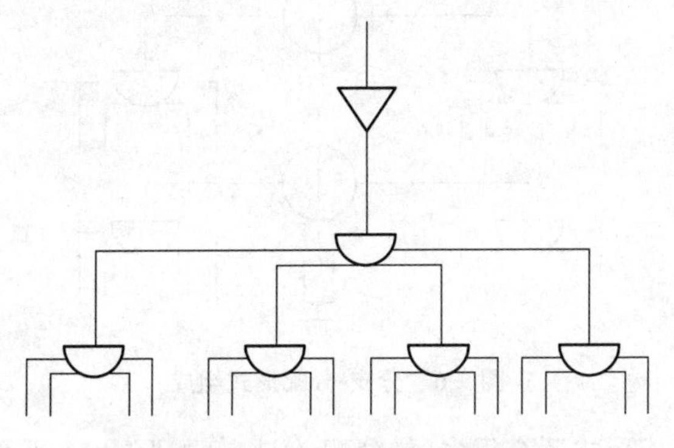

图 9-3　分配-分配形式组成

2)分支-分支形式。该网络采用的均是分支器，适用用户端离前端较远且分散的小型 CATV 系统。使用该系统时，最后一个分支器的输出端必须接上 75 Ω 负载电阻，以保持整个系统的匹配。图 9-4 所示是其基本组成。

3)分配-分支形式。这个形式的分配网络是应用得最广泛的一种。通常是先经分配器将信号分配给若干根分支电缆，然后通过具有不同分支衰减的分支器向用户终端提供符合相关规范所要求的信号。图 9-5 所示是其基本组成。

4)分支-分配形式。进入分配网络的信号先经过分支器，将信号中的一部分能量分给分配器，再通过分配器给用户终端。图 9-6 所示是其基本组成。

读书笔记

读书笔记

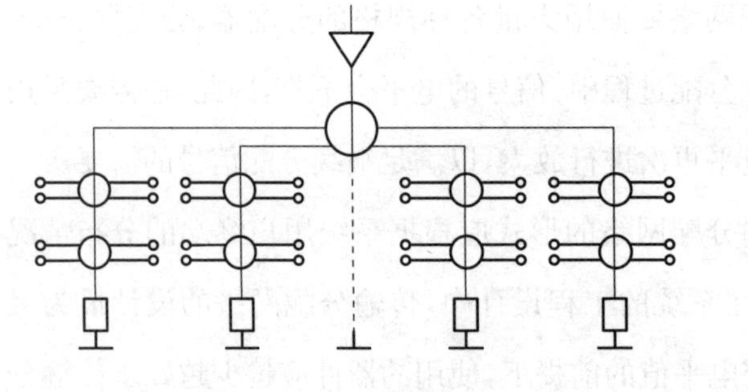

图 9-4 分支-分支形式组成

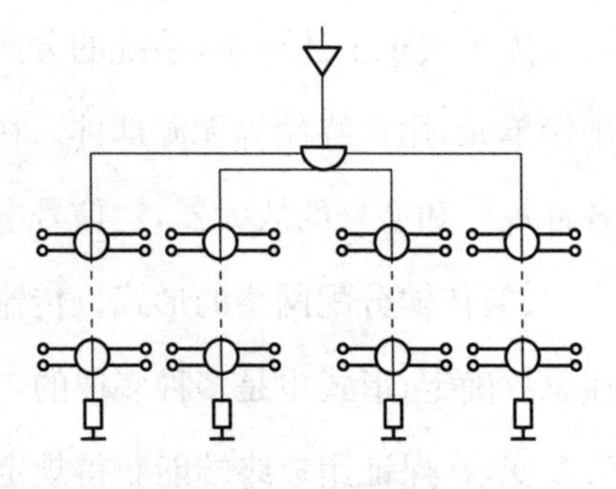

图 9-5 分配-分支形式组成

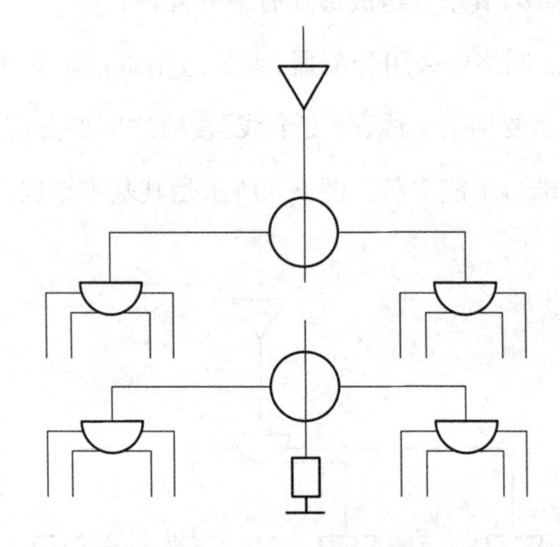

图 9-6 分支-分配形式组成

此外,网络的组成形式还有很多,如分配-分支-分配形式、不平衡分配形式等。

4. 用户终端

有线电视系统为用户终端提供(68+6)dB 的电视信号。

9.1.2 有线电视系统工程图实例

有线电视系统工程图主要包括有线电视系统图和有线电视平面图,两者用于描述有线电视系统的连接关系和系统施工方法,系统中部件的参数和安装位置在图中都标注清楚。

某建筑有线电视系统图如图 9-7 所示。从图中可以看出,该有线电视系统的系统干线选用 SYKV—75—9 型同轴电缆,穿管径为 25 mm 的水煤气管埋地引入,在三层处由二分配器分为两条分支线,分支线采用 SYKV—75—7 型同轴电缆,穿管径为 20 mm的硬塑料管暗敷设。在每一楼层用四分支器将信号传输至用户端。

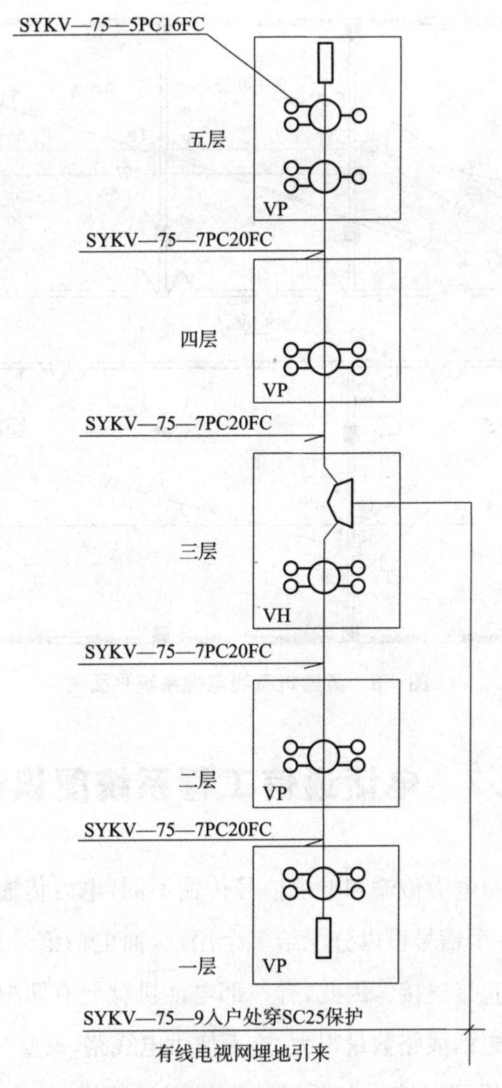

图 9-7　某建筑有线电视系统图

图 9-8 所示为该建筑有线电视系统平面图，从图中可看出用户端的平面安装位置。

读书笔记

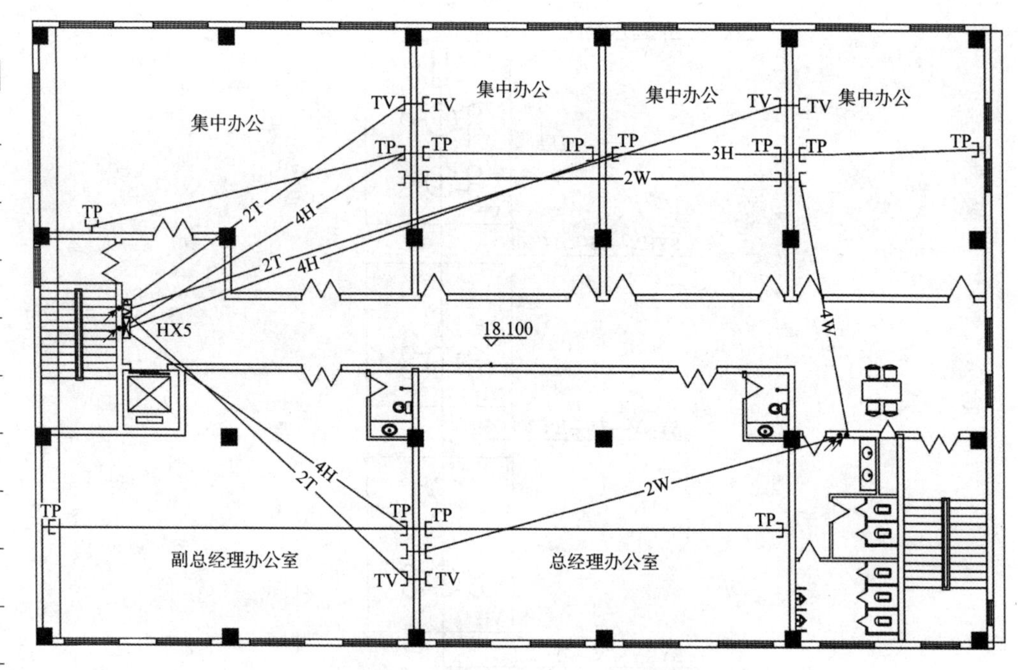

图 9-8　某建筑有线电视系统平面图

9.2　电话通信工程系统图识读

电话信号的传输与电力传输和电视信号传输不同,电力传输和电视信号传输是共用系统,一个电源或一个信号可以分配给多个用户,而电话信号是独立信号,两部电话之间必须有两根导线直接连接。因此,有一部电话机就要有两根(一对)电话线。从各用户到电话交换机的电话线路数量很大,这不像供电线路,只要几根导线就可以连接许多用电户。一台交换机可以接入电话机的数量用门计算,如 200 门交换机、800 门交换机。

交换机之间的线路是公用线路,由于各部电话机不会都同时使用线路,因此,公用线路的数量要比电话机的门数少,一般只需要 10%左右。由于这些线路是公用的,就会出现没有空闲线路的情况,即占线的情况。

如果建筑物内没有交换机,则进入建筑物的就是接各部电话机的线路,楼内有多少部电话机,就需要与多少人对线路引入。

住宅楼电话系统框图如图 9-9 所示。

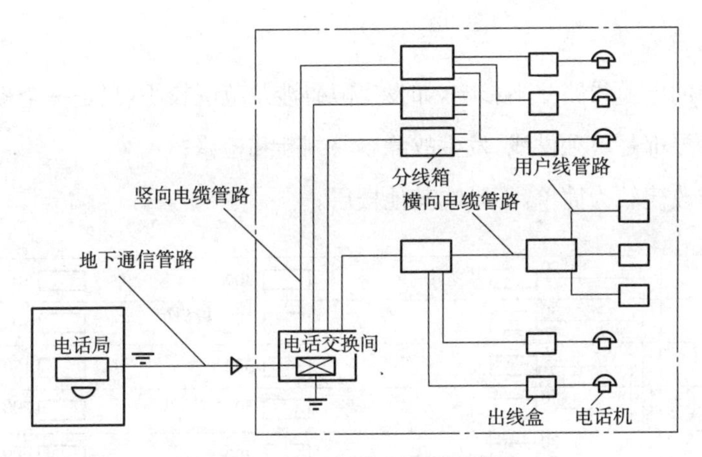

图 9-9　住宅楼电话系统框图

9.2.1　电话通信线路的构成

9.2.1.1　电话通信线的组成

电话通信线路从进户管线一直到用户出线盒，一般由以下几部分组成：

(1)引入(进户)电缆管路。它可分为地下进户和外墙进户两种方式。

(2)交接设备或总配线设备。它是引入电缆进屋后的终端设备，有设置用户交换机与不设置用户交换机两种情况，如设置用户交换机，采用总配线箱或总配线架；如不设置用户交换机，常用交接箱或交接间，交接设备宜装在建筑的一、二层；如有地下室，且较干燥、通风，才可考虑设置在地下室。

读书笔记

(3)上升电缆管路。它有上升管路、上升房和竖井三种建筑类型。

(4)楼层电缆管路。

(5)配线设备。包括电缆接头箱、过路箱、分线盒、用户出线盒，是通信线路分支、中间检查、终端用设备。

9.2.1.2　配线方式

建筑物的电话线路包括主干电缆(或干线电缆)、分支电缆(或配线电缆)和用户线路三部分，其配线方式应根据建筑物的结构及用户的需要，选用技术上先进、经济上合理的方案，做到便于施工和维护管理、安全可靠。

干线电缆的配线方式有单独式、复接式、递减式、交接式和合用式，如图 9-10 所示。

1. 单独式

采用这种配线方式时，各个楼层的电缆采取分别独立的直接供线，因此各个楼层的电话电缆线对之间无连接关系。各个楼层所需的电缆对数根据需要来定，可以相同或不相同。

读书笔记

(1)优点。

1)各楼层的电缆线路互不影响,如发生障碍涉及范围较小,只是一个楼层;

2)由于各层都是单独供线,发生故障容易判断和检修;

3)扩建或改建较为简单,不影响其他楼层。

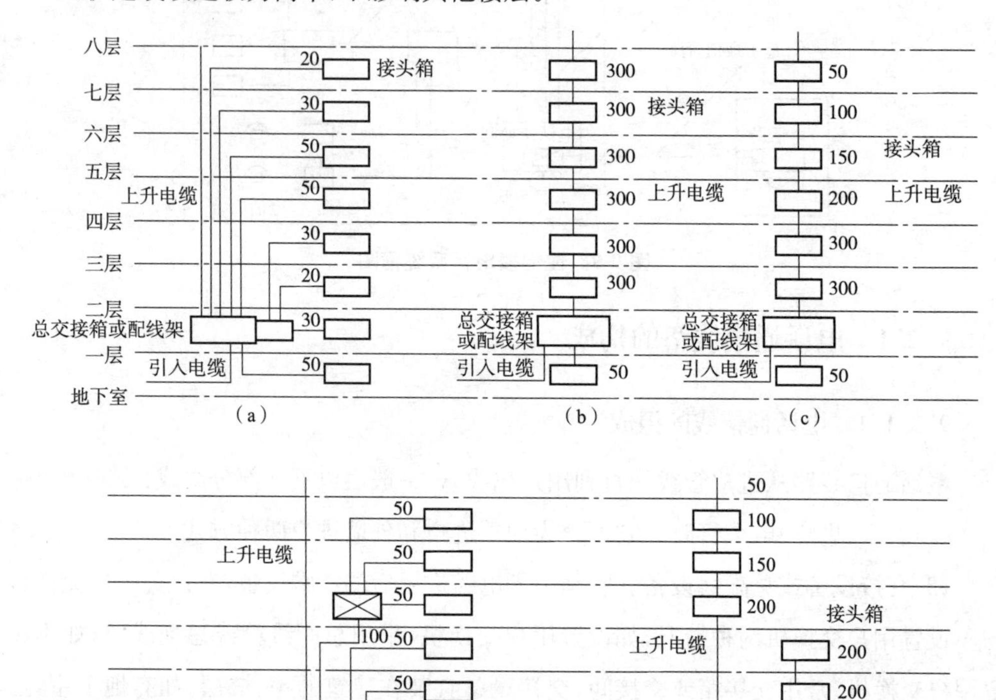

图 9-10 高层建筑电话电缆的配线方式

(a)单独式;(b)复接式;(c)递减式;(d)交接式;(e)合用式

(2)缺点。

1)单独供线,电缆长度增加,工程造价较高;

2)电缆线路网的灵活性差,各层的线对无法充分利用,线路利用率不高。

(3)适用范围。适用各层楼需要的电缆线对较多且较为固定不变的场合,如高级宾馆的标准层或办公大楼的办公室等。

2. 复接式

采用这种配线方式时,各个楼层之间的电缆线对部分复接或全部复接,复接的线对根据各层需要来决定。每对线的复接次数一般不得超过两次。各个楼层的电话电缆由

同一条上升电缆接出，不是单独供线。

(1)优点。

1)电缆线路网的灵活性较高，各层的线对因有复接关系，可以适当调度；

2)电缆长度较短，且对数集中，工程造价较低。

(2)缺点。

1)各个楼层电缆线对复接后会互相影响，如发生故障，涉及范围较广，对各个楼层都有影响；

2)各个楼层不是单独供线，如发生障碍不易判断和检修；

3)扩建或改建时，对其他楼层有所影响。

(3)适用范围。适用各层需要的电缆线对数量不均匀，变化比较频繁的场合，如大规模的大楼、科技贸易中心或业务变化较多的办公大楼等。

3. 递减式

这种配线方式各个楼层线对互相不复接，各个楼层之间的电缆线对引出使用后，上升电缆逐段递减。

(1)优点。

1)各个楼层虽由同一上升电缆引出，但因线对互不复接，故发生故障时容易判断和检修；

2)电缆长度较短且对数集中，工程造价较低。

(2)缺点。

1)电缆线路网的灵活性较差，各层的线对无法高度使用，线路利用率不高；

2)扩建或改建较为复杂，要影响其他楼层。

(3)适用范围。适用各层所需的电缆线对数量不均匀且无变化的场合，如规模较小的宾馆、办公楼及高级公寓等。

4. 交接式

这种配线方式将整个高层建筑的电缆线路网分为几个交接配线区域，除离总交接箱或配线架较近的楼层采用单独式供线外，其他各层电缆均分别经过有关交接箱与总交接箱(或配线架)连接。

(1)优点。

1)各个楼层电缆线路互不影响，如发生障碍，则涉及范围较少，只是相邻楼层；

2)提高了主干电缆芯线的使用率，灵活性较高，线对可调度使用；

读书笔记

3)发生障碍容易判断、测试和检修。

读书笔记

(2)缺点。

1)增加了交接箱和电缆长度,工程造价较高;

2)对施工和维护管理等要求较高。

(3)适用范围。适用各层需要线对数量不同且变化较多的场合,如规模较大、变化较多的办公楼、高级宾馆、科技贸易中心等。

5. 合用式

这种方式是将上述几种不同配线方式混合应用而成的,因而适用场合较多,尤其适用规模较大的公共建筑等。

9.2.2 电话系统工程图实例

1. 住宅楼电话工程图

住宅楼电话系统图,如图 9-11 所示。在系统图中可以看到,进户使用 HYA－50(2×0.5)型电话电缆,电缆为 50 对线,每根线芯的直径为 0.5 mm,穿直径 50 mm 焊接钢管埋地敷设。电话组线箱 TP－1－1 为一只 50 对线电话组线箱,型号为 STO－50。箱体尺寸大小为 400 mm×650 mm×160 mm,安装高度距地 0.5 m。进线缆在箱内与本单元分户线和分户电缆及到下一单元的干线电缆连接。下一单元的干线电缆为 HYV－30(2×0.5)型电话电缆,电缆为 30 对线,每根线的直径为 0.5 mm,穿直径 40 mm焊接钢管埋地敷设。一、二层用户线从电话组线箱 TP－1－1 引出,各用户线使用 RVS 型双绞线,每条的直径为 0.5 mm,穿直径 15 mm 焊接钢管埋地、沿墙暗敷设(SC15－FC,WC),从 TP－1－1 到三层电话组线箱用一根 10 对线电缆,电缆线型号为 HYV－10(2×0.5),穿直径 25 mm 焊接钢管沿墙暗敷设。在三层和五层各设一只电话组线箱,型号为 STO－10,箱体尺寸为 200 mm×280 mm×120 mm,均为 10 对线电话组线箱。安装高度距地 0.5 m。三层到五层也使用一根 10 对线电缆。三层和五层电话组线箱分别连接上下层四户的用户电话出线口,均使用 RVS 型双绞线,每条直径为 0.5 mm。每户内有两个电话出线口。

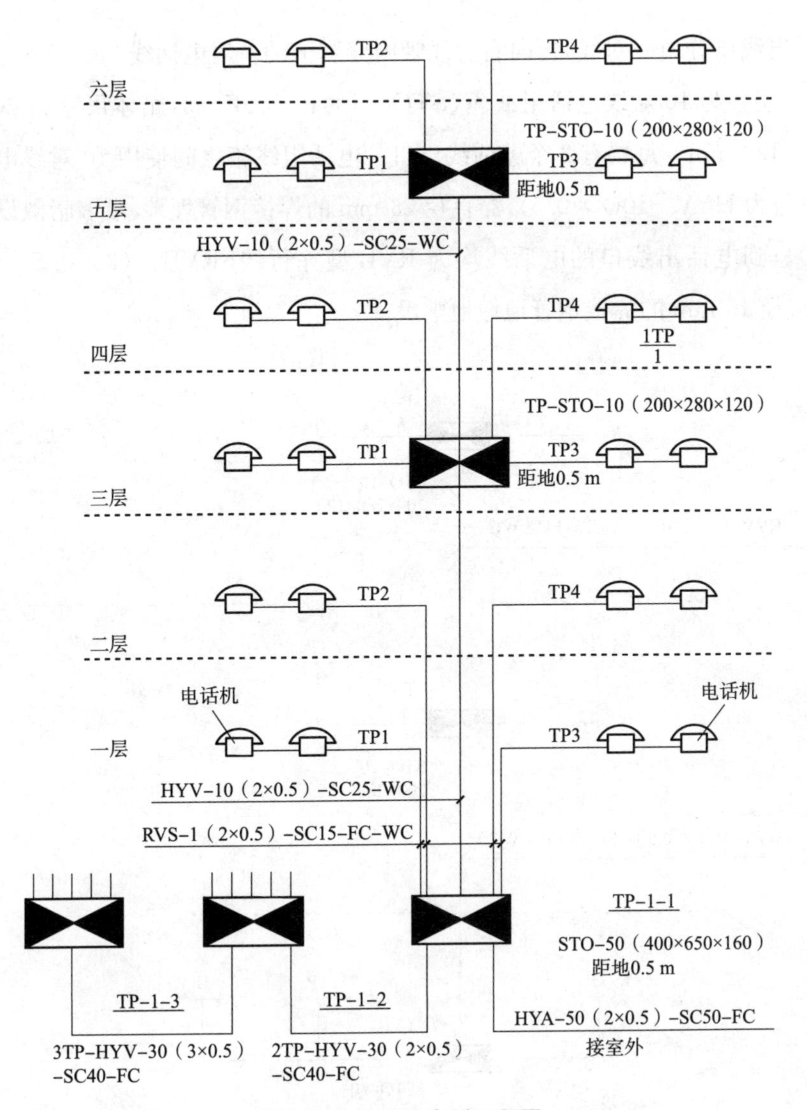

图 9-11　住宅楼电话工程图

电话电缆从室外埋地敷设引出，穿直径 50 mm 的焊接钢管引入建筑物(SC50)，钢管连接至一层 TP－1－1 箱。到另外两个单元组线箱的钢管，横向埋地敷设。

单元干线电缆 TP 从 TP－1－1 箱向左下到楼梯对面墙，干线电缆沿墙从一楼向上到五楼，三层和五层装有电话组线箱，从各层的电话组线箱引出本层和上一层的用户电话线。

2. 综合楼电话工程图

综合楼电话系统图，如图 9-12 所示。本楼电话系统没有画出电缆进线，首层为 30 对线电话组线箱(STO－30)F－1，箱体尺寸为 400 mm×650 mm×160 mm。首层有 3 个电话出线口，箱左边线管内穿一对电话线，而箱右边线管内穿两对电话线，到第

读书笔记

一个电话出线口分出一对线，再向右边线管内穿剩下的一对电话线。

读书笔记

二、三层各为10对线电话组线箱(STO－10)F－2、F－3，箱体尺寸为200 mm×280 mm×120 mm。每层有2个电话线出口。电话组线箱之间使用10对线电话电缆，电缆线型号为HYV－10(2×0.5)，穿直径25 mm的焊接钢管埋地、沿墙暗敷设(SC25－FC,WC)。到电话出线口的电话线均为RVB型并行线[RVB－(2×0.5)－SC15－FC]，穿直径15 mm的焊接钢管地埋地敷设。

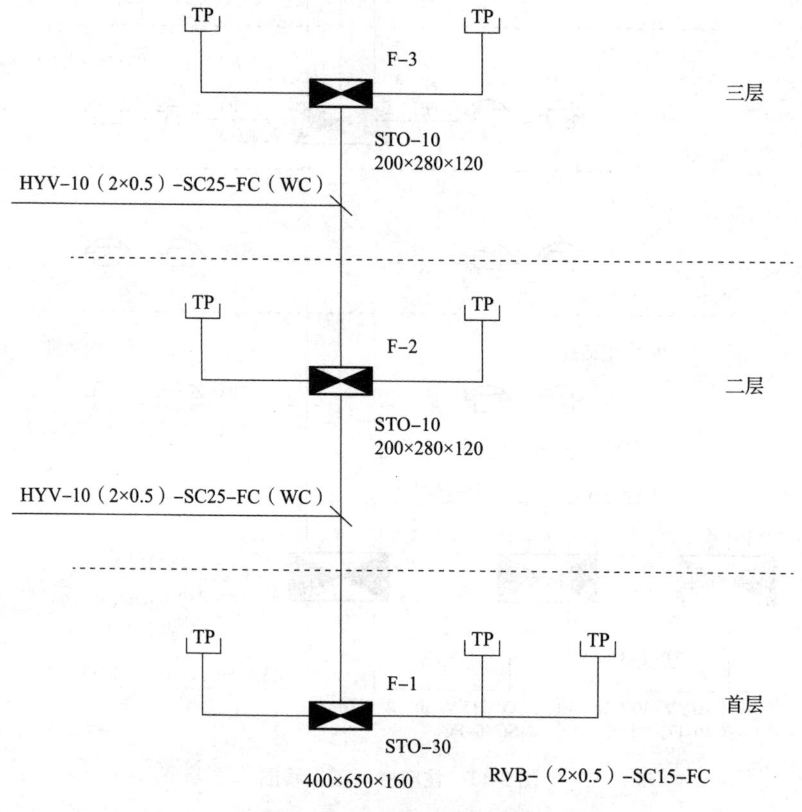

图9-12 综合楼电话工程图

9.3 广播音响系统工程图识读

广播音响系统又称电声系统，在各种建筑中的应用范围极为广泛，是剧场、影院、宾馆、舞厅、俱乐部、艺术广场、体育广场、工矿企业、机关学校等各种场合所必备的设备。

9.3.1 广播音响系统概述

9.3.1.1 广播音响系统的分类

在建筑工程中，广播音响系统大致可以归纳为三种类型。

1. 公共广播系统

公共广播系统包括背景音乐和紧急广播功能，平时播放背景音乐和其他节目；当出现紧急情况时，强制转换为报警广播。这种系统中的广播用的传声器(话筒)与向公共广播的扬声器一般不放置在同一房间内，故无声反馈的问题，且以定压式传输方式为其典型传输方式。

(1)面向公众区的公共广播系统。面向公众区的公共广播系统主要用于语言广播，这种系统往往平时进行背景音乐广播；在出现灾害或紧急情况时，可切换成紧急广播。面向公众区的公共广播系统的特点是服务区域面积大、空间宽旷，声音传播以直达声为主。如果扬声器的布局不合理，因声波多次反射而形成超过 50 ms 以上的延时，会引起双重声或多重声，甚至会出现回声，影响声音的清晰度和声像的定位。

(2)面向宾馆客房的广播音响系统。这种系统由客房音响广播和紧急广播组成，正常情况时向客房提供音乐广播，包含收音机的调幅(AM)、调频(FM)广播波段和宾馆自播的背景音乐等多个可供自由选择的波段，每个广播均由床头柜扬声器播放。在紧急广播时，客房广播被强行中断。只有紧急广播的内容强行切换到床头扬声器，使所有客人均能听到紧急广播。

读书笔记

2. 厅堂扩声系统

厅堂扩声系统使用专业音响设备，并要求有大功率的扬声器系统，由于演讲或演出用的传声器与扩声用的扬声器同处于一个厅堂内，故存在声反馈的问题。所以，厅堂扩声系统一般采用低阻抗式直接传输方式。

(1)面向体育馆、剧场、礼堂为代表的厅堂扩声系统。这种扩声系统是应用最广泛的系统，它是一种专业性较强的厅堂扩声系统。厅堂扩声系统往往有综合性多用途的要求，不仅可供会场语言扩声使用，还可用于文艺演出。其对音质的要求很高，受建筑声学条件的影响较大。对于大型现场演出的音响系统，要用大功率的扬声器系统和功率放大器，在系统的配置和器材选用方面有一定的要求。

(2)面向歌舞厅、宴会厅、卡拉 OK 厅的音响系统。这种系统应用于综合性的多用途群众娱乐场所。由于人流多、杂声或噪声较大，故要求音响设备要有足够的功率，较

读书笔记

高档次的还要求有很好的重放效果，故也应配置专业影响器材，在设计时要注意供电线路与各种灯具的调光器分开。对于歌舞厅、卡拉OK厅，还要配置相应的视频图像系统。

3. 会议系统

会议系统包括会议讨论系统、表决系统和同声传译系统。这类系统一般也设置有公共广播提供的背景音乐和紧急广播两用的系统，因有其特殊性，常在会议室和报告厅单独设置会议广播系统。对要求较高的国际会议厅，还需另行设计同声传译系统、会议表决系统及大屏蔽投影电视。会议系统广泛应用于会议中心、宾馆、集团公司、大学学术报告厅等场所。

9.3.1.2 广播音响系统的组成

广播音响系统由节目源设备、信号的放大和处理设备、传输线路、扬声器系统四部分组成。

1. 节目源设备

相应的节目源设备有FM/AM调谐器、电唱机、激光唱机和录音机等，还包括传声器（话筒）、电视伴音（包括影碟机、录像机和卫星电视的伴音）、电子乐器等。

2. 信号的放大和处理设备

信号的放大和处理设备就是指电压放大、功率放大及信号的选择处理设备，可以通过选择开关选择所需要的节目源信号。

3. 传输线路

对于厅堂扩声系统，由于功率放大器与扬声器的距离不远，采用低阻抗式大电流的直接馈送方式。对于公共广播系统，由于服务区域广、距离长，为了减少传输线路引起的损耗，往往采用高压传输方式。

4. 扬声器系统

扬声器是能将电信号转换成声信号并辐射到空气中去的电声换能器，一般称为喇叭。扬声器系统在弱电工程的广播系统中有着广泛的应用。

9.3.2 广播音响系统工程实例

广播音响系统工程实例如图9-13～图9-16所示。

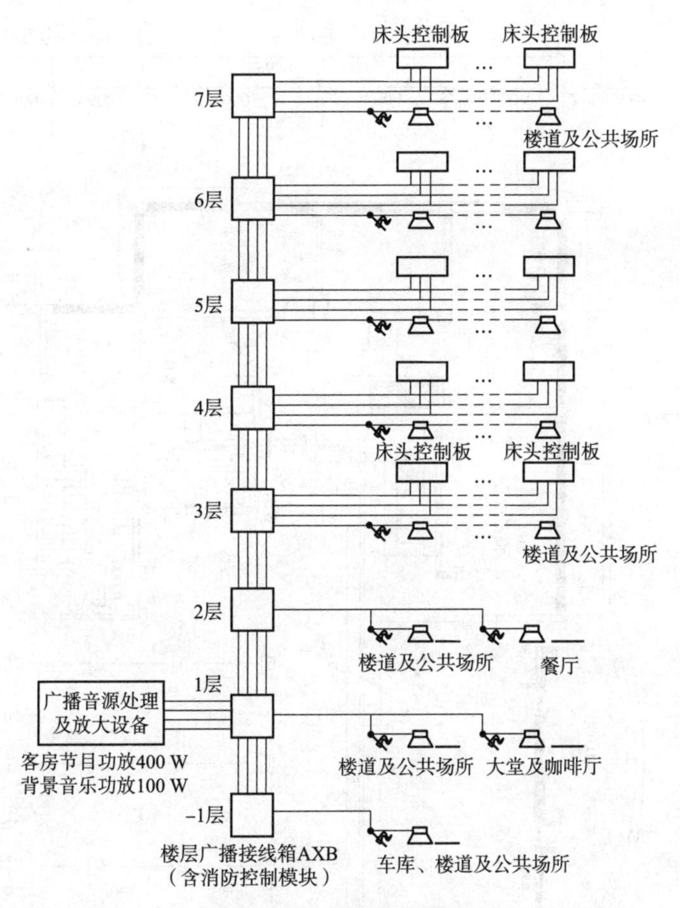

图 9-13　广播音响系统图

1. 设计说明

(1)广播音响系统有三套节目源，走廊、大厅及咖啡厅设背景音乐。客房节目功率为 400 W，背景音乐功放为 50 W。地下车库用 15 W 号筒扬声器，其余公共场所用 3 W 嵌顶音箱或壁挂音箱(无吊顶处)。

(2)广播控制室与消防控制室合用，设备选型由用户定。大餐厅独立设置扩声系统，功放设备置于迎宾台。

(3)地下车库 15 W 号筒扬声器距顶 0.4 m 挂墙或柱安装，其余公共场所扬声器嵌顶安装，客房扬声器置于床头柜内。楼层广播接线箱竖井内距地 1.5 m 挂墙安装，广播音量控制开关距地 1.4 m。

(4)广播线路为 ZR－RVS－2×1.5，竖向干线在竖井内用金属线槽敷设，水平线路在吊顶内用金属线槽敷设，引向客房段的 WS1～WS3 共穿 SC20 暗敷。

读书笔记

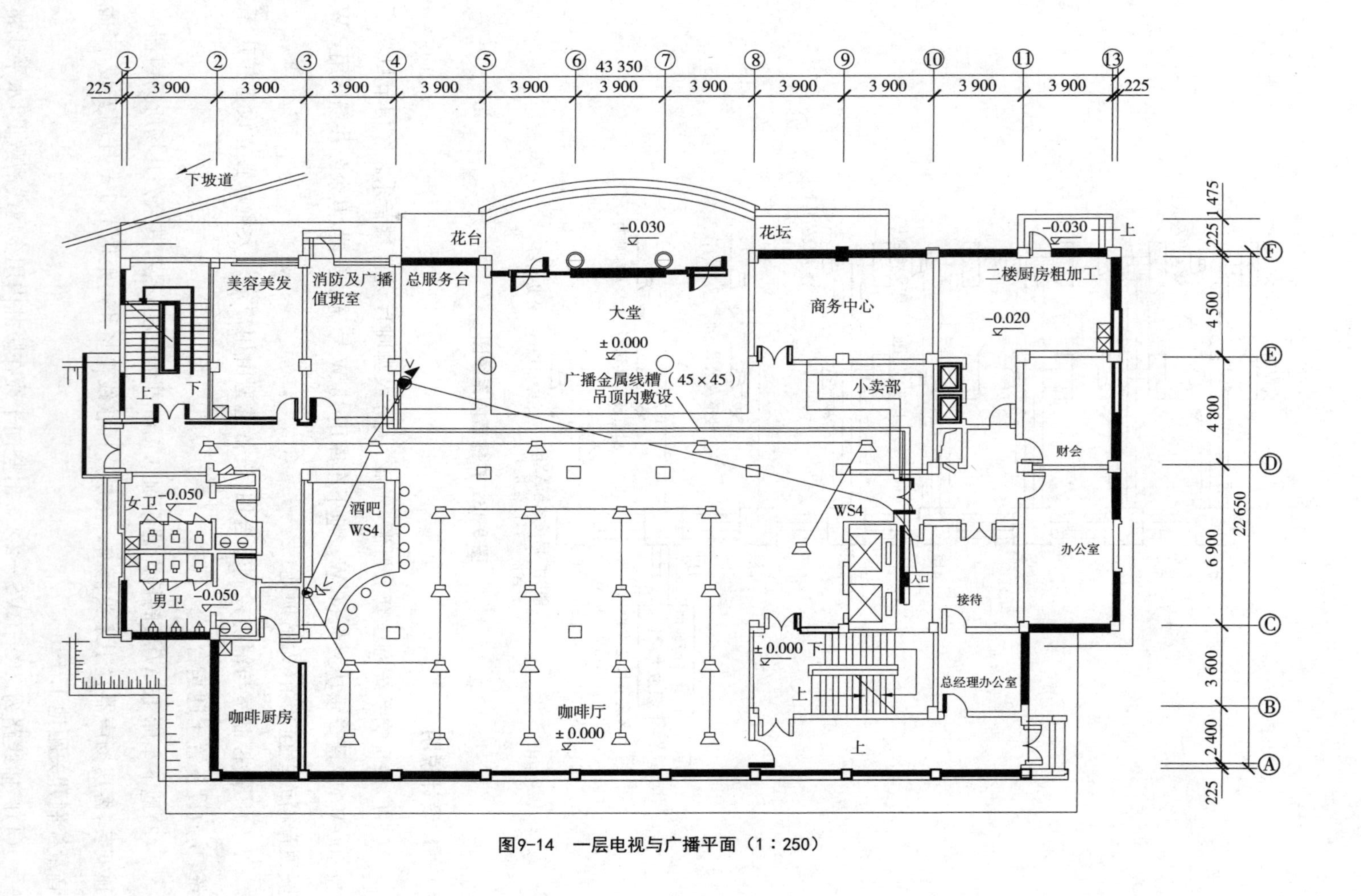

图9-14　一层电视与广播平面（1：250）

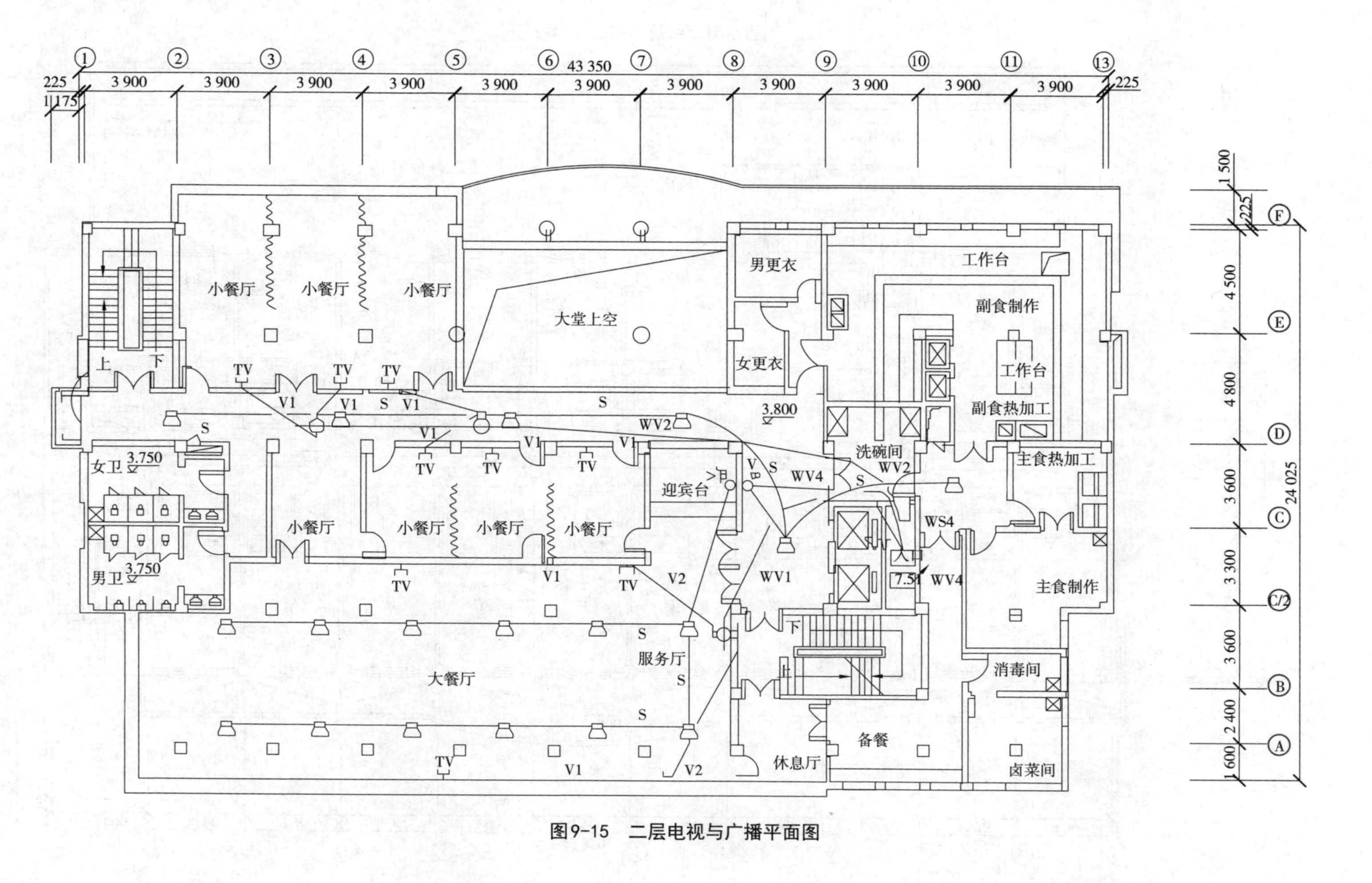

图9-15　二层电视与广播平面图

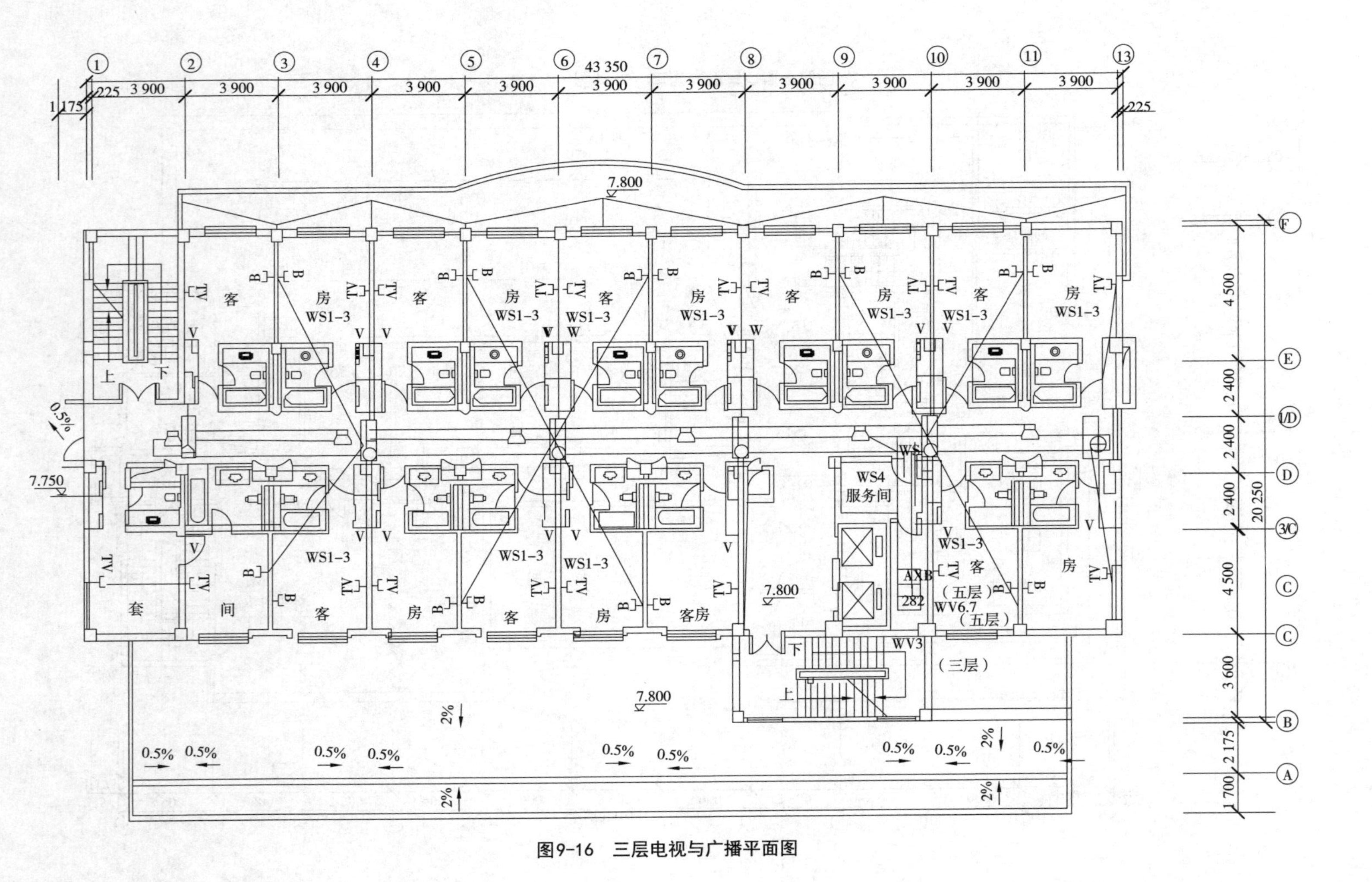

图9-16 三层电视与广播平面图

2. 有线广播音响系统分析

(1)系统图分析。通过对图 9-13～图 9-16 的分析和设计说明可知,该建筑物的客房控制柜有 3 套节目源,在平面图中分别编为 WS1、WS2、WS3。楼道及公共场所设背景音乐为独立节目源,编号为 WS4。

每层楼的楼道及公共场所分路配置 1 个独立的广播音量控制开关,可以对各自的分路进行音量调节与开关控制,咖啡厅分路也配置 1 个独立的广播音量控制开关。大餐厅还设置有扩声系统,功放设置于迎宾台房间。

广播线路为 ZR－RVS－2×1.5 阻燃型多股铜芯塑料绝缘软线,干线用金属线槽配线,引入客房段用 20 mm 钢管暗敷。每个楼层设置一个楼层广播接线箱 AXB,因为有线广播与火灾报警消防广播合用,所以在 AXB 中也安装有消防控制模块,发生火灾时,可以切换成消防报警广播。

(2)一层广播平面图分析。广播控制室与消防控制室合用,广播线路通过一层吊顶内的金属线槽配至配电间的 AXB,再通过竖井内金属线槽配向各楼层的 AXB。金属线槽的规格是 45 mm×45 mm(宽×高)。

一层的广播线路 WS4 有 2 条分路,1 条是配向在咖啡厅酒吧间的广播音量控制开关,再配向吊顶内,与其分路的扬声器连接;另 1 条楼道分路广播音量控制开关安装在总服务台房间。因为 WS4 分路的扬声器还用于火灾报警报警消防广播,所以需要经过一层 AXB 中的消防控制模块。

2 条分路从 AXB 中出来可以合用一条线,可以先配向总服务台房间的广播音量控制开关盒内进行分支,然后配向咖啡厅酒吧间的广播音量控制开关。此段线可通过一层吊顶内的金属线槽配线,在④轴处如果安装一个接线盒,在接线盒中就可以分成 2 条分路,再穿钢管保护分别配至广播音量控制开关盒内。广播线路的每条分路中扬声器连接均是并联关系,所以,WS4 分路的广播线也是 ZR－RVS－2×1.5 mm^2。

(3)二层广播平面图分析。二层的广播线路仍然是 WS4,也是 2 条分路。1 条是配向迎宾台房间的扩声系统,再配向大餐厅吊顶内的扬声器,另 1 条是配向楼道分路广播音量控制开关,再配向楼道吊顶内的扬声器。2 条分路从楼层的 ABX 引出时可以合用,可以沿一层吊顶内配至⑧轴,再沿墙内配至二层 1.4 m 高的楼道分路广播音量控制开关盒内,进行分路。

(4)三层广播平面图分析。三层以上楼道 WS4 回路的广播音量控制开关安装在服务间,扬声器安装在吊顶内,配线方式与 2 层楼道 WS4 相同。

三层客房内的广播线路是 WS1～WS3(共 6 根线),扬声器安装在床头控制柜中,其出

读书笔记

线盒一般在 0.3 m 处。所以，可以在二层的顶棚内沿金属线槽配线，在顶棚内分支接线箱处接线，通过保护钢管配向客房床头控制柜下方，再沿墙内配向床头控制柜进线口处。

读书笔记

床头控制柜节目选择开关，通过床头控制柜的节目选择开关，可以在 3 套节目中进行选择。其他楼层的配线道理也是相同的。

通过以上实例分析，我们可以了解到有线电视与广播音响系统的配线工程并不复杂，因为其信号点和控制点并不多，只要系统图中标注和说明比较详细，对照平面图分析是比较容易识读的。大多数人对弱电工程感觉比较陌生，主要是不经常接触。住宅照明工程，人们日常生活中都常接触，耳濡目染，所以比较好理解。另外，弱电工程中的高新技术产品发展迅速，更新换代比较快，对于新设备的功能不了解，所以，系统的概念就比较陌生。其他的弱电工程道理也是相同的，只要接触多了，也就容易理解了。

9.4 综合布线系统工程图识读

9.4.1 综合布线系统组成

综合布线系统采用模块化结构，所以又称为结构化综合布线系统，它消除了传统信息传输系统在物理结构上的差别。它不但能传输语音、数据、视频信号，还可以支持传输其他的弱电信号，如空调自控、给水排水设备的传感器、子母钟、电梯运行、监控电视、防盗报警、消防报警、公共广播、传呼对讲等信号，成为建筑物的综合弱电平台。它选择了安全性和互换性最佳的星形结构作为基本结构，将整个弱电布线平台划分为 6 个基本组成部分，如图 9-17 所示，通过多层次的管理和跳接线，实现各种弱电通信系统对传输线路结构的要求。其中，每个基本组成部分均可视为相对独立的一个子系统，即使需要更改其中任一子系统时，也不会影响到其他子系统。这 6 个子系统如下：

(1)工作区子系统。由终端设备到信息插座的连线组成，包括信息插座、连接线、适配器等。

(2)水平干线子系统。由信息插座到楼层配线架之间的布线等组成。

(3)管理区子系统。由交接间的配线架及跳线等组成。

(4)垂直干线子系统。由设备间子系统与管理区子系统的引入口之间的布线组成，是建筑物主干布线系统。

(5)设备间子系统。由建筑物进线设备、各种主机配线设备及配线保护设备组成。

(6)建筑群接入子系统。由建筑群配线架到各建筑物配线架之间的主干布线系统。

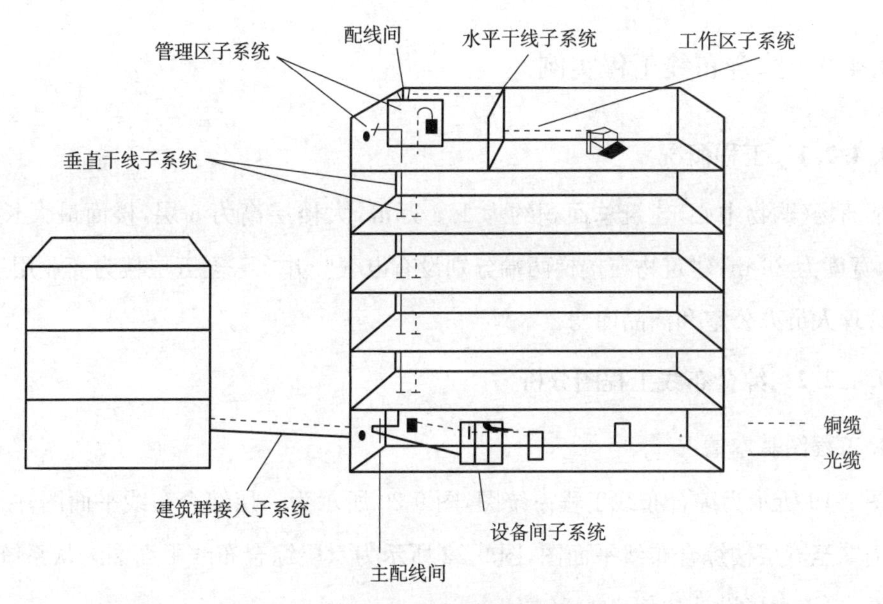

图 9-17　综合布线系统的结构示意

智能大厦综合布线系统结构图如图 9-18 所示。

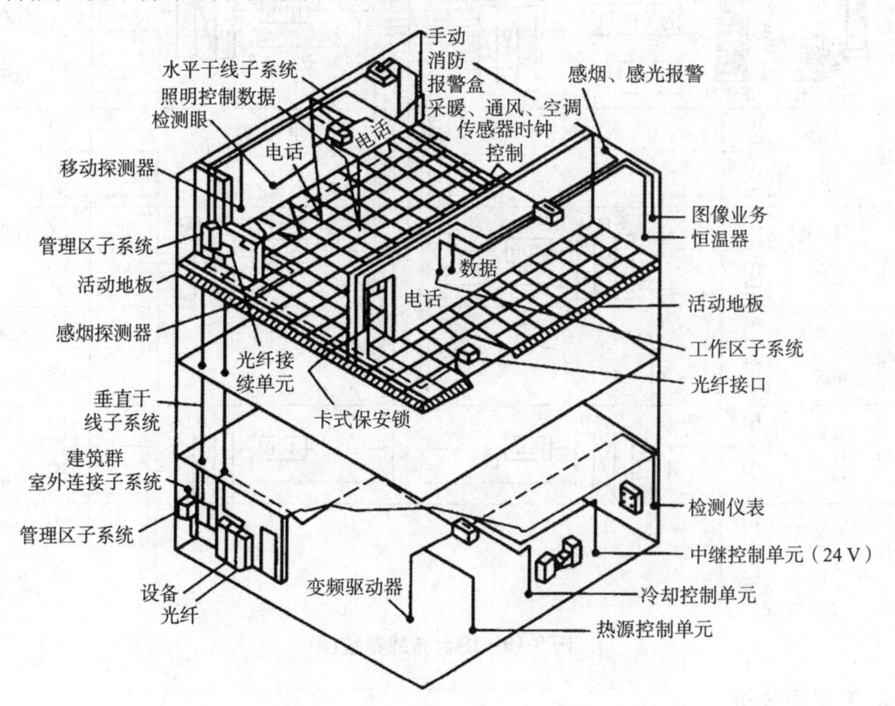

图 9-18　智能大厦综合布线系统结构图

读书笔记

读书笔记

9.4.2 综合布线工程实例

9.4.2.1 工程概况

某商场(购物中心)建筑总面积约为 1.3 万㎡,大楼层高为 6 层,楼面最大长度为 82 m,宽度为 26 m,建筑物在楼梯两端分别设有电气竖井。一至五层楼为商业用房,六楼为管理人员办公室和商品库房。

9.4.2.2 综合布线工程图分析

1. 工程图基本情况

图 9-19 所示为综合布线工程系统图,图 9-20 所示为一层综合布线平面图,图 9-21 所示为二至五层楼综合布线平面图,图 9-22 所示为六层综合布线平面图。从系统图分析可看出,该大楼设计的信息点为 124 个。

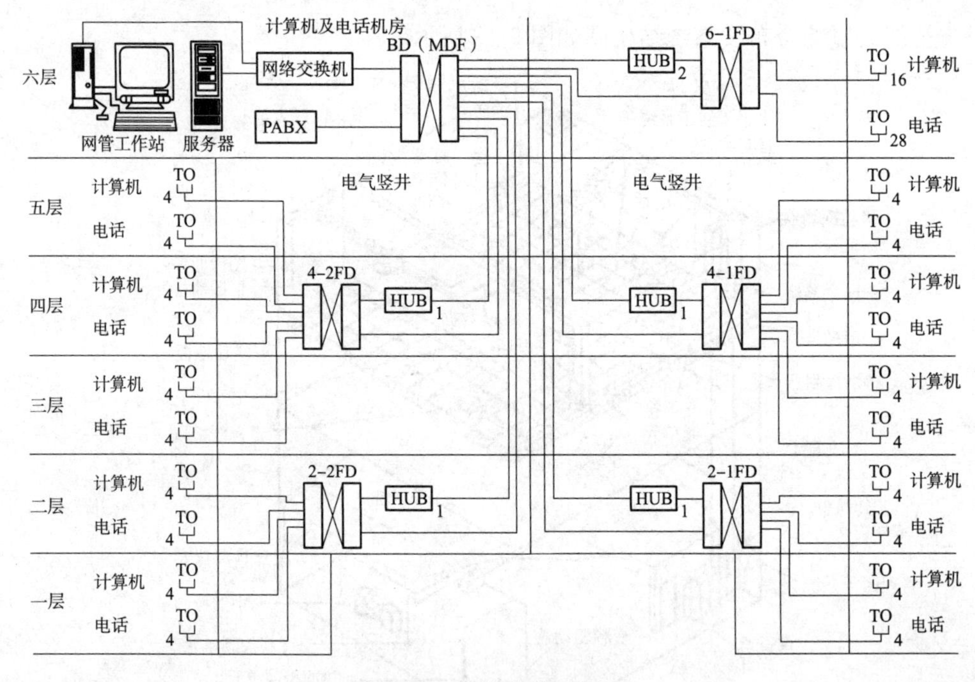

图 9-19 综合布线系统图

2. 工程图分析

(1)设备间子系统。从图 9-19 中可以看出,设备间设在第六层楼中间的计算机及电话机房内,主要设备包括计算机网络系统的服务器、网络交换机、用户交换机(PABX)和计算机管理服务器等组成。设备间的总配线架 BD(MDF)采用 1 台 900 线的配线架(500 对)和 1 台 120 芯光纤总配线架,分别用来支持语音和数据的配线交换。

网络交换机的总端口数为 750 个[各楼层即管理子系统所连接的 HUB(集线器)的数量,不包括冗余]。

设备间的地板采用防静电高架地板,设置感烟、感温自动报警装置,使用气体灭火系统,安装应急照明设备和不间断供电电源,使用防火防盗门,按标准单独安装接地系统,确保布线系统和计算机网络系统接地电阻小于 1 Ω。接地电压小于 1 V。

(2)干线子系统。由于主干线(设在电气竖井)中的距离不长(共六层楼高),系统布线又从两个电气井中上下,而用户终端信息接口数量不多,共 124 个,因此,在工程设计施工时选用大对数对绞电缆作为主干线的连接方式。从图 9-19 中看出,从机房设备间的 BD(MDF)分别列出 1 根 25 对的大对数电缆到电气竖井里,分别接到 2 层楼的 2—1FD、2—2FD 配线箱内,作为语音(电话)的连接线缆。从 BD(MDF)分别引 1 根 4 对对绞电缆接入 1—2FD、2—2FD 前端的 HUB(集线器),该 HUB 经过信号转换后可支持 24 个计算机通信接口。同理,也可分析出设在 4 层楼电气竖井内的 4—1FD、4—2FD 的设备。而设在六层楼内电气竖井内的 6—1FD,从机房 BD(MDF)引出的是 1 根 4 对对绞线,接入 HUB(集线器)中,可输出 24 个计算机接口。引出 2 根 25 对大对数电缆、支持语音信号。

考虑用户购物刷卡消费的习惯及监控设备的需要,该主干系统应选用 5 类 UTP 以上标准。在设计施工时,不仅是主干线选用 5 类 UTP 线缆,还应包括连接硬件、配线架中的跳线连接线等器件,都应选用 5 类标准,这样才能保证该系统的完整性。语音、数据线缆分别用阻燃型的 PVC 管明敷在电气竖井中。

(3)管理区子系统。从图 9-19 可以看出,本工程共设有 5 个管理区子系统,分别设在第二层、第四层、第六层的电气竖井的配线间,通过管理子系统实现对配线子系统和干线子系统中的语音线和数据线的终接收容和管理。它是连接上述两个系统的中枢,也是各楼层信息点的管理中心。配线架 DF 管理采用表格对应方式,根据大楼各信息点的楼层单元,如 2—1FD、2—2FD分别管理一至二层楼的信息点。记录下连接线路、线缆线路的位置,并做好标记,以方便维护人员的管理和识别。尽量采用标准配置的配线箱(柜),一般来讲 IDC 配线架支持语音(电话)配线,RJ45 型的配线架支持数据配线。管理区的配线间由 UPS 供电,每个管理区为一组电源线并加装空气开关。

(4)配线(水平)子系统。从平面图图 9-20 和图 9-21 可以看出,配线子系统由从二层或四层的配线间引至信息插座的语音和数据配线电缆和工作区用的信息插座所组成,按照收款台能实现 100 Mbit/s 的要求,水平布线子系统中统一采用 5 类 UTP,线缆长度应满足设计规范要求,小于 90 m 范围内。从图 9-21 中看出,在Ⓕ轴和①/③轴电气竖井中设有配线箱,它采用星形网络拓扑结构,即放射式配线方式,引出 4 条回路,每

读书笔记

条回路为2根4对对绞电缆穿SC20钢管暗敷在墙内或楼板内。为每个收款台提供一个电话插座，1个计算机插座。在Ⓕ轴和㉑轴线处的配线箱向左引出4条回路，每条回路也是2根4对对绞电缆穿SC20钢管暗敷。从图9-20中可看出，一层电气竖井内未设置的线箱，它是从设在二层楼配线箱(FD)引下来的，采用放射式配线，每条回路也是2根4对对绞线电缆，穿SC20钢管在楼板内或墙内暗敷。从商场平面图分析，由于每层商场的收款台数量不多，所以，线路分析也较简单。而在图9-22中的办公区就显得复杂一些，因为它的信息点较多，以财务室为例:左面墙上设计了2组信息插座，所以，它用了4对对绞电缆，每组插座用2对对绞电缆，一对为电话，一对为计算机插座接口。右墙只设计1组信息插座，所以它只用了2对对绞电缆。在办公室的左面墙上虽然也是2组插座，但它少了一个接口，所以只向它提供了3对对绞电缆。房间内的电话和计算机接口可进行自由组合，但总数不能超过5个。由于办公区信息点多，而且所有线路都是放射式配线，所以，线缆宜穿钢管沿墙沿吊顶内暗敷。

(5)工作区子系统。工作区子系统由终端设备(计算机、电话机)连接到信息插座的连线组成，在图9-20中，它的布线方案中一个工作区按180 m左右划分，即设置一个收款台，配置信息插座2口。每个信息插座通过适配器联结可支持电话机、数据终端、计算机设备等。所有信息插座都使用统一的插座和插头，信息插座I/O引针(脚)接线按TIA/EIA568A标准，如图9-23所示。所有工作区内插座按照TIA/EIA568标准嵌入和表面安装来固定在墙或地上，如图9-24所示。住处模块选用带防尘和防潮弹簧门的模块。

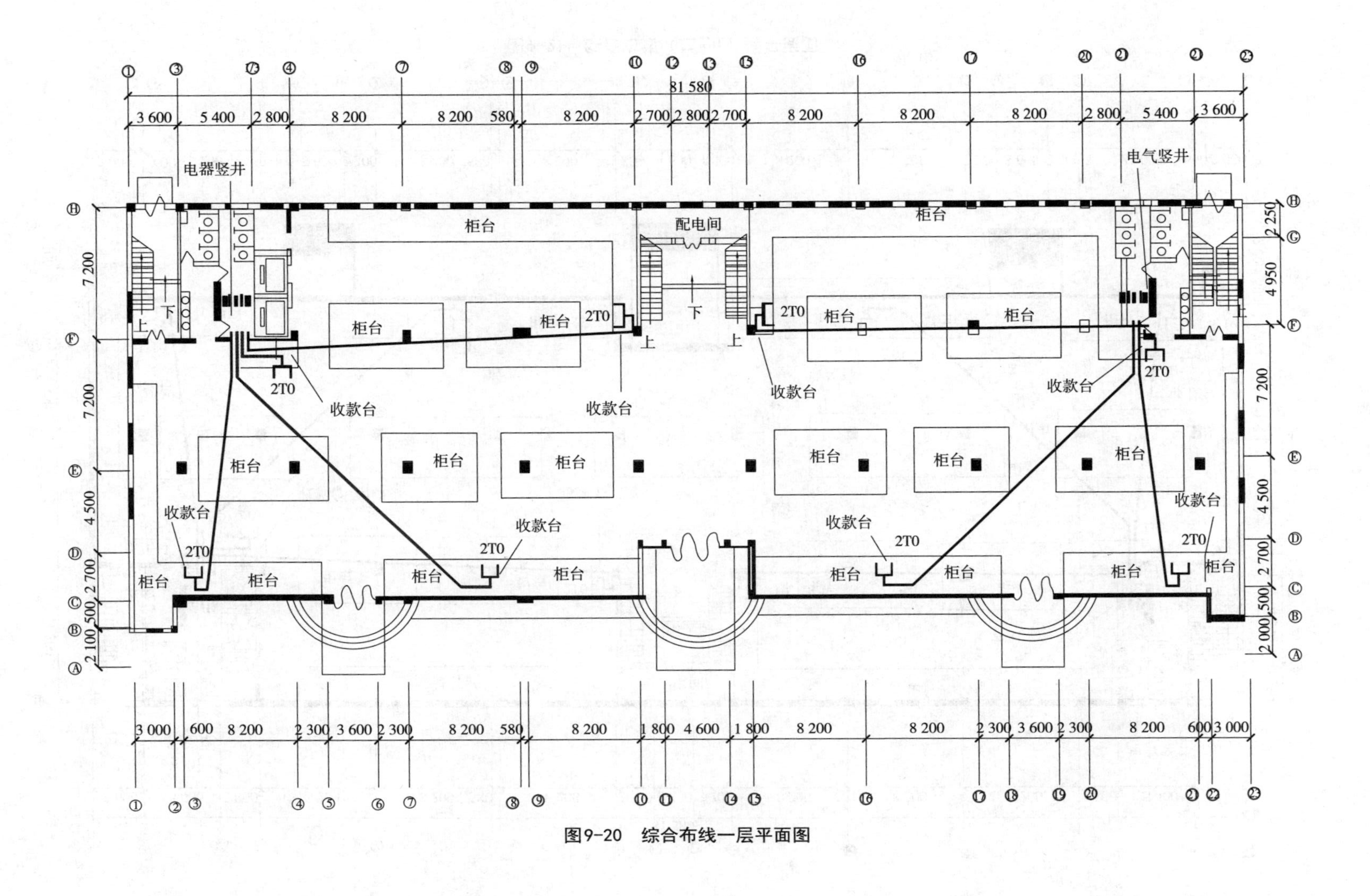

图9-20　综合布线一层平面图

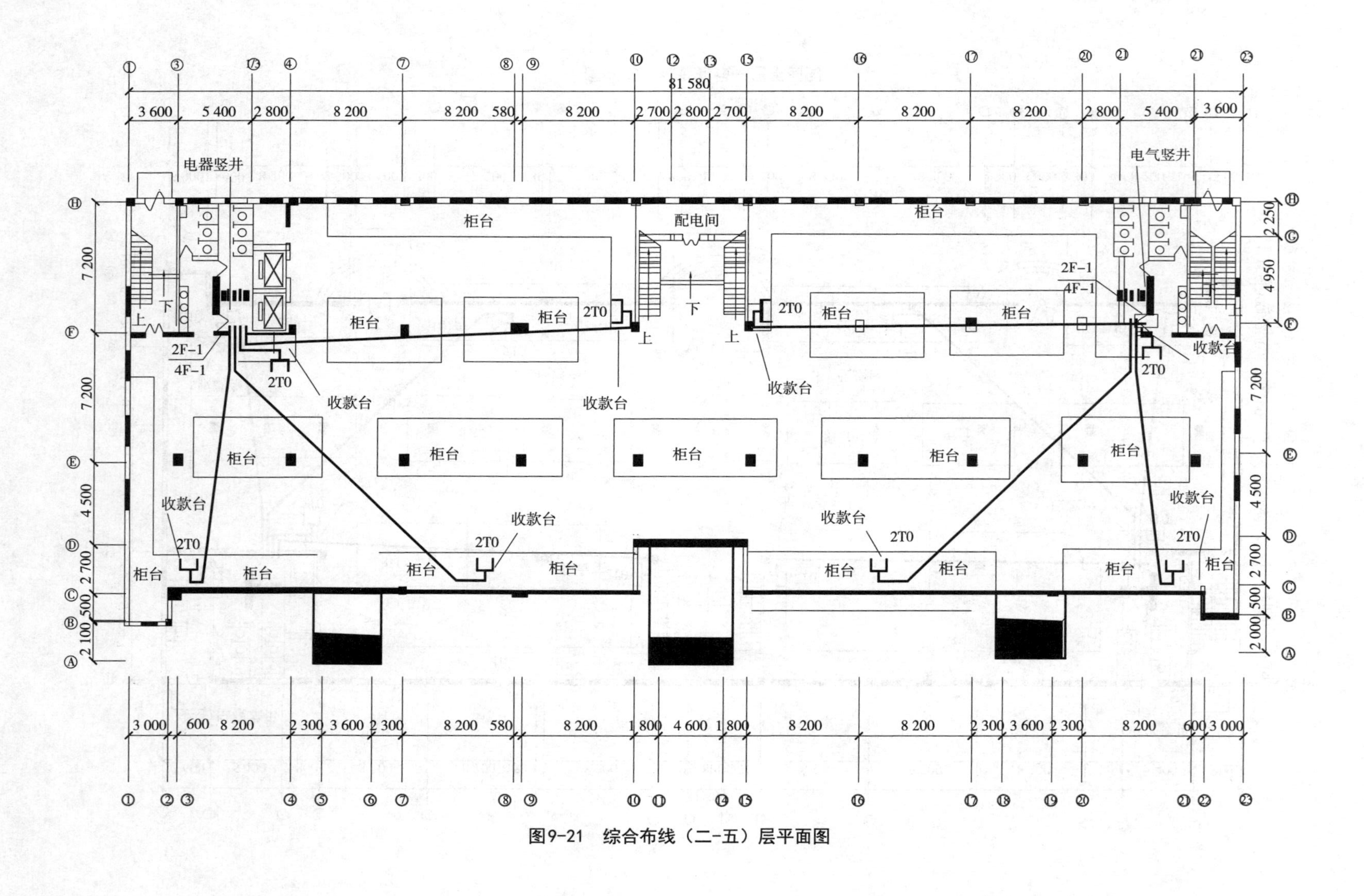

图9-21　综合布线（二-五）层平面图

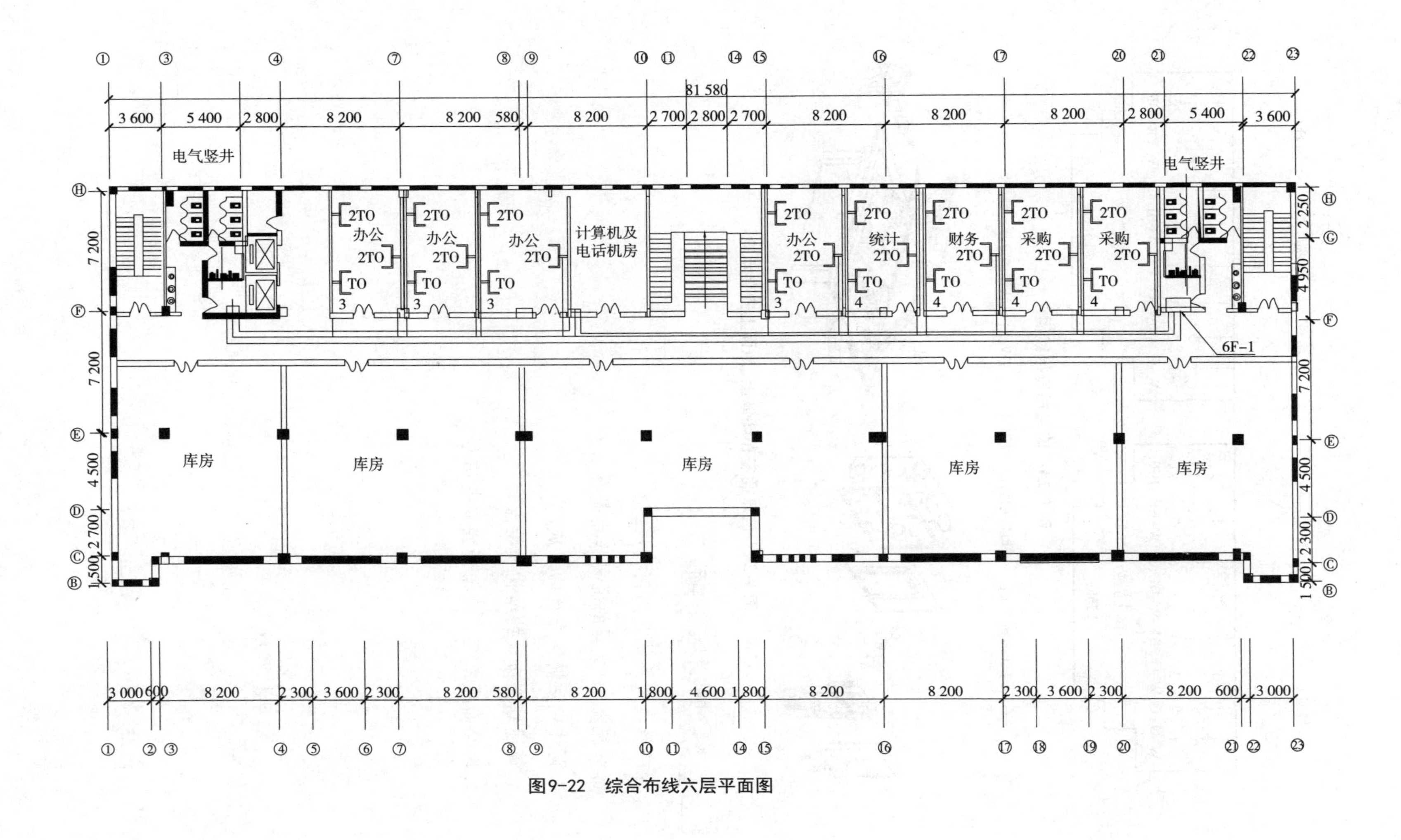

图9-22　综合布线六层平面图

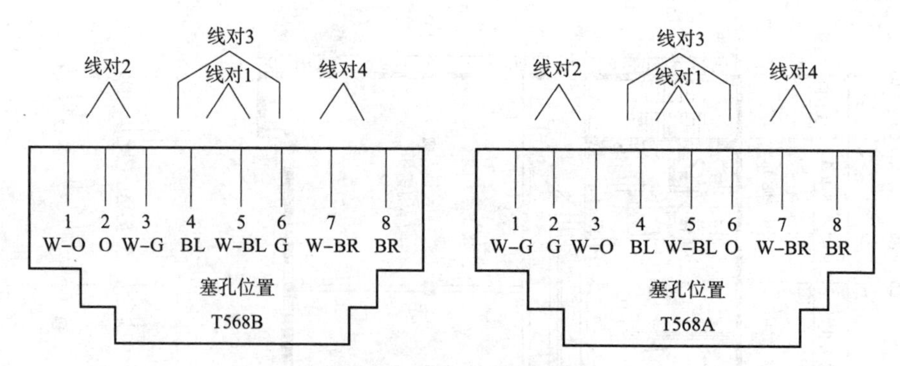

图 9-23 信息插座接线图

G—绿(Green);BL—蓝(Blue);BR—棕(Brown);W—白(White);O—橙(Orange)

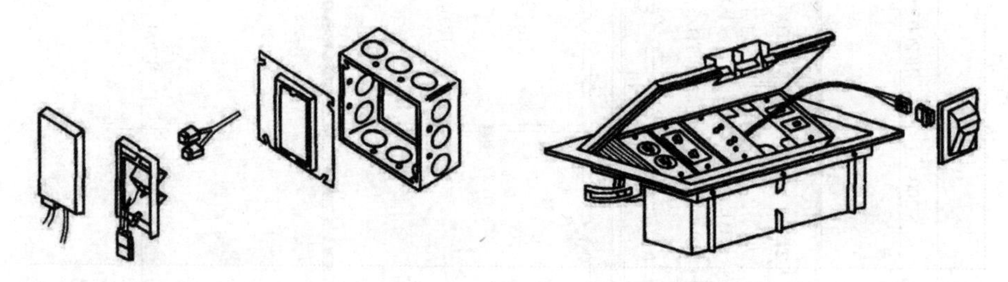

图 9-24 信息插座在墙体上、地面上安装示意

复习思考题

1. 有线电视系统是如何构成的?

2. 分配器、分支器的主要作用是什么?

3. 简述电话通信系统的组成。

4. 简述综合布线的结构和特点。

5. 综合布线系统能传输哪些弱电信号?

学习总结

参考文献

［1］王远红，吴信平．安装工程识图［M］．2版．北京：机械工业出版社，2019.

［2］郭喜庚．安装工程识图与构造［M］．北京：北京理工大学出版社，2018.

［3］李海凌，李太富．建筑安装工程识图［M］．北京：机械工业出版社，2014.

［4］陈送财，李杨．建筑给排水［M］．2版．北京：机械工业出版社，2019.

［5］杨光臣，马克忠．安装工程识图［M］．重庆：重庆大学出版社，1996.

［6］王永智，齐明超，李学京．建筑制图手册［M］．北京：机械工业出版社，2006.

［7］中国建筑学会暖通空调分会．暖通空调工程优秀设计图集［M］．北京：中国建筑工业出版社，2007.

［8］徐勇．通风与空气调节工程［M］．北京：机械工业出版社，2005.

［9］陆文华．建筑电气识图教材［M］．2版．上海：上海科学技术出版社，2008.

［10］戴绍基．建筑供配电技术［M］．2版．北京：机械工业出版社，2021.

［11］朱栋华．建筑电气工程图识图方法与实例［M］．北京：中国水利水电出版社，2005.

［12］侯志伟．建筑电气识图与工程实例［M］．2版．北京：中国电力出版社，2015.

［13］范丽丽．弱电系统设计300问［M］．北京：中国电力出版社，2010.

［14］杨光臣，杨波，等．怎样阅读建筑电气与智能建筑工程施工图［M］．北京：中国电力出版社，2007.
［15］马誌溪．建筑电气工程——基础设计实施实践［M］．2版. 北京：化学工业出版社，2011.
［16］曹祥. 智能楼宇弱电电工通用培训教材［M］．北京：中国电力出版社，2008.
［17］郑清明. 智能化供配电工程［M］．北京：中国电力出版社，2007.
［18］金久炘，张青虎. 智能建筑设计与施工系列图集1楼宇自控系统［M］.2版．北京：中国建筑工业出版社，2009.
［19］徐第，孙俊英. 怎样识读建筑电气工程图［M］．北京：金盾出版社，2005.
［20］黎连业，王超成，苏畅. 智能建筑弱电工程设计与实施［M］．北京：中国电力出版社，2006.